Hans-Peter Ebert

HEIZEN MIT HOLZ

in allen Ofenarten

W0196191

Staufen bei Freiburg

Der Autor dankt allen Fachleuten, Institutionen und Firmen, die ihn mit Rat und Konstruktionsunterlagen unterstützt haben. Einige der in diesem Buch wiedergegebenen Zeichnungen sind nicht nur urheberrechtlich, sondern auch patentrechtlich geschützt oder es sind Konstruktionszeichnungen geschützter Erzeugnisse, auch wenn dies nicht ausdrücklich beim jeweiligen Bild vermerkt ist.

Die Deutsche Bibliothek - CIP-Einheitsaufnahme

Ebert, Hans-Peter:
Heizen mit Holz in allen Ofenarten / Hans-Peter Ebert . – 5., verb. und erw. Aufl. – Staufen bei Freiburg : ökobuch 1997
  ISBN 3 - 922 964 - 44 - 3

ISBN 3 - 922 964 - 44 - 3

1. Auflage 1989
8. Aufl. 2002

Layout: usw, Uwe Stohrer, Freiburg
Druck: Druckhaus Beltz, Hemsbach

Inhaltsverzeichnis

Vom Geist des Feuers 7

Welche Vorteile bietet Holz als Brennstoff 11
   Holz ist ein preiswerter Brennstoff 11
   Was spricht für das Heizen mit Holz? 12
   Der Wald ist eine kleine unerschöpfliche Energiequelle 14
   Die Holzverbrennung und das Kohlendioxid 16
   Die nachhaltige Brennholzernte ist kein Raubbau am Wald 17

Der Kauf von Brennholz 20
   Wo kann ich Brennholz kaufen? 20
   Welche Brennholz-Sorten werden angeboten? 20
   Im Wald ist Holzauktion 22
   Der Brennholztransport 22

Brennholz selbst gemacht gibt mehrmals warm 23
   Arbeitskleidung 23
   Gutes Werkzeug für den Hobbywaldarbeiter 24
   Grundsätzliche Arbeitsregeln 29
   Arbeit mit der Motorsäge 29
   Fällen von Bäumen 30
   Entasten von Bäumen 34
   Zersägen von Bäumen: Das Einschneiden 35
   Arbeit am Hang 35
   Der Abtransport 36

Eigenschaften des Brennholzes 37
   Wie trocken ist Holz? 37
   Teurer Wasserschaden durch feuchtes Holz 38
   Trocknen von Brennholz 39
   Lagerplatz für Brennholz 41
   Der Heizwert von Holz 42
   Hackschnitzel 44
   Pellets – künstliche Holzbrennstoffe 47

Prinzipien der Holzverbrennung 49
   Der Aufbau des Holzfeuers 49
   Entzünden von Holz 50
   Holzverbrennung 50
   Stufen der Holzverbrennung 51

Holzfeuer brauchen zweimal Luft 53
Der Schornstein 55
Holzasche 60
Brennkammer 61
Katalytische Nachbrenner 63
Wärmetauscher 64
Wärmetransport und Wärmeträger 66
Hinweise auf die Güte der Holzverbrennung 67

Grundsätzliches über Holzöfen 70
Die Brennprinzipien der Holzöfen 70
Wirkungsgrad eines Holzofens 73
Was ist beim Holzofenkauf beachten? 75
Aufstellen des Holzofens 77

Die verschiedenen Holzofentypen 78
Zimmerofen, Einzelofen 78
Küchenherd 80
Kaminfeuer erwärmen Herz und Gemüt 81
Kaminofen 85
Kachelofen 86
Steinbackrohr 90
Holz-Zentralheizungskessel 92
Holz-Speicherheizung 95

Automatische Holzheizungen 99
Automatische Ofen für Holzpreßlinge 99
Automatische Hackschnitzelheizungen 103
Feuerungsarten 108
Rauchgasreinigung in großen Anlagen 112
Ortsnahe „Fern"-Wärme – eine Zukunftschance für die Holzheizung 114
Holzvergaser mit Kraft-Wärme-Kopplung 117

Anhang 122
Preise für Holzöfen und Holzheizungen 122
Rechtsvorschriften 122
Umrechnung von Energieeinheiten 125

Literaturnachweis 126

Firmenneutraler Rat 127

Hersteller und Lieferanten 129

Stichwortverzeichnis 140

Vorwort

Früher wußte zumindest auf dem Lande jeder, wie Brennholz zuzurichten ist und wie es am besten im Holzofen verbrennt. Holzrauch schien unvermeidbar, niedrige Wirkungsgrade wurden durch mehr Brennholz ausgeglichen, und „geheizt" wurde an den sechs Wochentagen nur der Küchenherd, dessen Wärme vor allem dem Kochen des Essens diente. Spottbilliges Heizöl hatte in der Zeit nach dem Zweiten Weltkrieg Holz als Brennstoff nahezu ausgerottet und das vorhandene Wissen verschüttet, bevor die enormen Preissteigerungen beim Heizöl eine Rückbesinnung erzwangen.

Der Preisverfall beim Heizöl in den 80er Jahren von über 0,80 DM/l auf unter 0,40 DM/l frei Haus hat das während der Ölkrise aufgekommene Interesse am Brennholz wieder erschlaffen lassen. Doch wer für jene Zeit gerüstet sein will, in der die Energiepreise wieder ansteigen, der muß sich jetzt sachkundig machen. Wer morgen auf die nachwachsende einheimische Energiequelle zurückgreifen können will, der muß dies heute planen.

Mit Holz heizen erfordert mehr Arbeit und mehr Sachverstand als das Heizen mit Heizöl oder Strom. Trotzdem haben sich jene, die auf Versorgungssicherheit Wert legen und mit einem nachwachsenden Brennstoff preisbewußt heizen wollen, wieder dem Energieträger Holz zugewandt.

Das vorliegende Buch ist ein Ratgeber für jene, die vorhaben, ihre Heizung zu erneuern oder umzustellen und die das Heizen mit Holz dabei in Erwägung ziehen. Es werden Tips für den Kauf des Brennholzes gegeben, und es wird gezeigt, wie Waldholz am zweckmäßigsten zugerichtet wird. Wer mit Holz heizt, sollte die Brenneigenschaften dieses Stoffes kennen und über den Ablauf eines Holzfeuers Bescheid wissen. Die Beschreibung der vielfältigen, am Markt angebotenen Holzofentypen erleichtert die Wahl jenes Ofens, der die persönlichen Bedürfnisse am ehesten erfüllt. Natürlich dürfen heute auch einige Hinweise nicht fehlen, unter wel-chen Bedingungen umweltbewußtes und raucharmes Heizen mit dem schwefelfreien Brennstoff Holz möglich ist.

Rottenburg a.N., im Juli 1988
Prof. Dr. rer. nat. Hans-Peter Ebert

In den letzten Jahren hat sich die wirtschaftliche Lage für das Brennholz kaum gebessert. Die fossilen Brennstoffe werden nach wie vor zu vergleichsweise niedrigen Preisen verkauft, so daß Holz immer noch ein selten genutzter Brennstoff ist. Trotzdem hat die technische Entwicklung bei den Holzöfen zu Neuem geführt. In Zukunft dürften automatisch arbeitende Heizanlagen für Wohngebiete und Dienstleistungszentren wichtiger werden. Aus beiden Gründen wurde das Buch überarbeitet und erweitert.

Rottenburg a.N., im April 1997
Prof. Dr. rer. nat. Hans-Peter Ebert

1 Feuerstelle in der Steinzeit.   Quelle: Ullstein Verlag, Berlin

Vom Geist des Feuers

Unsere Liebe für das Holzfeuer wurzelt in unserer Vergangenheit. Der sich in grauer Vorzeit entwickelnde Mensch lernte das Feuer zu bändigen. Wann dieser Prozeß begann, wissen wir nicht. Vielleicht schon vor fünf Millionen Jahren, vielleicht auch vor zwei Millionen Jahren? Möglicherweise hat ein Vorfahr entdeckt, wie Hyänen und Geier sich hinter der Feuerwalze eines Steppenbrandes an den gerösteten Kadavern delektierten? Hat er dadurch gelernt, daß gegrilltes Fleisch besser zu kauen ist und würziger schmeckt als rohes Fleisch? Seit 350.000 Jahren jedenfalls nutzt und beherrscht der Mensch (Homo erectus pekinensis) die Kraft des Feuers. Das wärmende Element bot in der nächtlichen Kälte und über die langen Kaltzeiten hinweg einen Überlebensvorteil.

300.000 Jahre v. Chr.: Die ersten nachgewiesenermaßen das Feuer beherrscht nutzenden Europäer lebten vor über 300.000 Jahren bei Bilzingsleben (Thüringen). Dieser Homo erectus bilzingslebensis konnte über dem Feuer Fleisch braten oder einen Teig aus mit Wasser versetzten, zermahlenen stärkereichen Samen über heißen Steinen zu Fladenbrot backen, aber eine heiße Fleischbrühe läßt sich in Holztöpfen beim besten Willen nicht über der offenen Flamme herstellen.

12.000 Jahre v. Chr.: In dieser Zeit scheint einem aufmerksamen Ahnen nach einem Wohnsitzwechsel das Entdeckerlicht aufgegangen zu sein. Weil es damals zweckmäßig war, die Glut des Feuers von Lagerplatz zu Lagerplatz mitzunehmen – schließlich wurde dadurch das mühselige Anreiben von Zunderschwamm und Moos erspart – wurden größere glühende Holzstücke in Schalen aus frischem Lehm oder Ton transportiert, die in einem Netz aus Pflanzenfasern hingen. Jenem Vorfahr fiel nun am neuen Lagerplatz auf, daß die Tonschale hart geworden und fast wasserundurchlässig war. Damit war der Anfang für das Töpfergewerbe gelegt – ohne Patentamt. Der eigentliche küchentechnische Durchbruch des Töpfergewerbes erfolgte jedoch erst nach 4.500 v. Chr. in der Jungsteinzeit. Man sieht, daß es damals 7.000 Jahre dauerte, bevor sich eine gute Erfindung durchsetzte.

2.000 Jahre v. Chr.: Die Menschen lernten mit Hilfe des Feuers aus Erz Metalle zu schmelzen. Diese ließen sich so zu nützlichem Werkzeug und zu todbringenden Waffen formen. Für die alten Griechen war Feuer neben Wasser, Luft und Erde eines der vier Grundelemente der Welt. Wie es dem menschenfreundlichen Titan Prometheus erging, der uns das damals in Metallbecken oder auf steinernen Herden lodernde Privileg der Götter brachte, erzählt uns die Prometheus-Sage.

Mußt mir meine Erde
Doch lassen stehen,
Und meine Hütte, die du nicht gebaut,
Und meinen Herd,
Um dessen Glut
Du mich beneidest.
(Aus „Prometheus" 3. Akt,
von Johann Wolfgang von Goethe.)

Ihr Herdfeuer vertrauten die Griechen der Göttin Hestia zum Schutze an. Es gibt Menschengruppen (z.B. die Urbewohner Australiens und Tasmaniens), die das Entzünden des Feuers nie erlernten. Ging diesen Menschen durch Leichtsinn oder durch die Naturgewalt eines starken Regens das Feuer aus, war Heulen und nächtliches Zähneklappern angesagt. Wer diesen frierenden Artgenossen neue Feuersglut brachte, war einem göttlichen Boten gleich.

Länger vorausschauende Menschengruppen wählten besonders befähigte Mitglieder aus, die an geschützten (heiligen) Orten das Feuer hüteten: Priester und Priesterinnen.

„Das Feuer auf dem Altar soll brennen und nimmer verlöschen, der Priester soll alle Morgen Holz darauf anzünden...
Ewig soll das Feuer auf dem Altar brennen und nimmer verlöschen."
(Aus 3. Buch Moses, Kapitel 6, Vers 5 und 6)

Moses (um 1.200 v. Chr.) erschien die allgewaltige Kraft Gottes mehrmals im Feuer. Das Feueropfer war ihm ein Bindeglied zu Gott. In den Tempeln der Vesta – der Göttin des Herdfeuers – hüteten sechs Priesterinnen das Herdfeuer des römischen Staates.

800 Jahre n. Chr.: Das offene Feuer war über Jahrhunderttausende ein Mittelpunkt im menschlichen Leben. Als der Mensch sich Zelte, Hütten und später Häuser errichtete, nahm er dieses wärmende Element mit in den geschlossenen Raum. Zunächst jedoch blieb die Feuerstelle auch im geschlossenen Raum offen. Zwar hatten die Römer schon die raffinierte Warmluft-Fußboden- und Wandheizung in der damaligen Welt verbreitet – möglicherweise hatten sie diese Hypokausten-Heizung von den Griechen abgeschaut – die Germanen blieben jedoch überwiegend beim offenen Herd. Lediglich die gute Stube wurde bei wohlhabenden Hausbesitzern über die Wände von heißen Rauchgaszügen erwärmt. Durch die Rauchgaszüge strömte die von einer Feuerstelle in der Küche oder im Vorraum erhitzte Luft. Weil diese „gemauerten Ofenrohre" (Rauchgaszüge) später oft mit Kacheln ummantelt wurden, bezeichnete man diese Heiztechnik als Kachelofen.

Der eigentliche Ofen, also die geschlossene Feuerstelle in der Küche wie im Wohnraum, wurde in erster Linie aus Energiespargründen entwickelt und hat sich erst in den letzten 200 Jahren durchgesetzt.

1700 Jahre n. Chr.: Der Brennstoff Holz wird zunehmend knapp. Die energieverschleudernden offenen Feuerstellen im Haus müssen durch eine sparsamere Heiztechnik abgelöst werden. In einigen deutschen Ländern erhalten die Erfinder von „Sparöfen" Prämien. Dank des höheren Wirkungsgrades und wegen der höheren Feuersicherheit für das Haus setzen sich die geschlossenen Herde und Öfen allmählich durch.

2.000 Jahre n. Chr.: Die ursprüngliche Wärme offener Holzfeuer schafft besonders viel Gemütlichkeit. Das Spiel der Flammen fasziniert. Eine Ahnung von den uralten Wurzeln unserer Menschheitsgeschichte trägt das offene Holzfeuer in den Alltag der Gegenwart. Offene Kamine erleben eine Renaissance.

2 Kochkunst am offenen Küchenherd vor 500 Jahren. (Archiv für Kunst und Geschichte, Berlin)

Entgegen und parallel zu dieser archaischen Tendenz müssen Holzöfen mit perfekter Verbrennung entwickelt werden. Die größer gewordene Bevölkerungsdichte und die Sorge um reine Luft machen auch eine technische Weiterentwicklung der Holzöfen erforderlich. Die Abgase sollen nur noch vollständig verbrannte Stoffe aufweisen: Kohlendioxid und Wasserdampf. Nur teilweise verbrannte organische Verbindungen im Rauch eines konventionellen Holzfeuers werden zunehmend als Belästigung und als gesundheitsschädlich bewertet.

Unsere Erfahrung im Umgang mit dem Holzfeuer wurde durch die Industriekultur fast verschüttet. Eine ungetrübte Freude kann aber nur der finden, der über das Heizen mit Holz Bescheid weiß. In diesem Buch findet der Freund des Holzbrennstoffes viele Fragen beantwortet, die auftauchen, wenn er Brennholz benützt.

Welche Vorteile bietet Holz als Brennstoff?

Holz ist ein preiswerter Brennstoff

Brennholz ist ein billiger Brennstoff für jene, die es selbst zurichten. Selbstaufbereitetes Brennholz kostet zur Zeit zwischen 10 und 20 € (Euro) je Raummeter (Ster). Bezogen auf die Heizenergie ist das selbstzugerichtete Brennholz damit selbst bei den heutigen niedrigen Heizölpreisen noch billiger als Heizöl (1000 l Heizöl entsprechen etwa dem Heizwert von 8 rm Brennholz).

Eine Vergleichsrechnung zeigt:

	Hausbesitzer A	Hausbesitzer B
Jahresenergiebedarf	4.000 l Heizöl	23 Raummeter Brennholz
	x	x
Brennstoffeinkauf	0,25 €/l	ca. 10 €/rm (Kaufpreis des Flächenloses)
	= 1.000 € (Euro)	= 230 €
Zusatzausgaben	—	Kosten für Motorsäge und
		Beifuhr ca. 15 €/rm
		= 345 €
Gesamtausgaben	1.000 €	575 €

Der mit Holz heizende Hausbesitzer kann somit durch seine eigene Arbeit (1.000 minus 575 E =) 425 E im Jahr verdienen. Diese Ersparnis bleibt steuerfrei in der Haushaltskasse. Wenn das Heizöl 0,40 E/l kostet, beträgt die Ersparnis mehr als 1.000 E. Bei solchen Preisen ist sogar zugerichtetes Brennholz nur unwesentlich teurer als das heizen mit Öl. Bei einem hohen Ölpreis kann der sein Brennholz selbst gewinnende Freizeit-Holzhauer fast ein Monatseinkommen netto einsparen. Allerdings muß dieses Geld erarbeitet werden: Das Brennholz ist zu ernten und zuzurichten; es ist heimzufahren und zu lagern; der Holzofen muß regelmäßig beschickt und die Asche entnommen werden.

Je weiter das vom Brennholzkäufer erworbene Holz zugerichtet ist, je mehr fremde Leistung er somit in Anspruch nimmt, um so stärker sinkt der vom Brennholzheizer erzielbare Überschuß; und wer gespaltenes Brennholz frei Haus bestellt, muß – verglichen mit dem derzeit billigen Heizöl – draufzahlen.

Was spricht für das Heizen mit Holz?

Sicherlich, wer sein Brennholz selbst zurichtet, kann dadurch Geld sparen. Aber es gibt noch andere gute Gründe, Holz als Brennstoff zu nutzen: Holz ist eine *einheimische Energiequelle* und deshalb dort, wo es wächst, auch in Krisenzeiten in begrenztem Umfang verfügbar. Wenn die Öleinfuhren ausbleiben oder die inländischen Transportwege gestört sind, können jene, die einen Holzofen besitzen, wenigstens ein Zimmer beheizen. Fällt der Strom aus, wird es nicht nur dunkel, auch die Gas- bzw. Ölzentralheizung oder der elektrische Kochherd bleiben kalt. Glücklich, wer jetzt einen Holzofen hat: Wenigstens ein Raum kann beheizt und das Essen erwärmt werden. Als Anfang 1979 in Mittel- und Osteuropa die Straßen unter einer hohen Schneedecke verschwanden und die Stromversorgung teilweise für Tage zusammenbrach, konnten Holzöfen die klirrende Kälte abhalten und ermöglichten warmes Essen.

In der *Umweltbilanz* schneidet der Brennstoff Holz beim Vergleich mit anderen Energieträgern überwiegend günstig ab. Für die Gewinnung und Ver-

Tabelle 1:
Heizwerte verschiedener Brennstoffe im Vergleich.
Eine Einheit des in der 1. Spalte genannten Brennholzes entspricht der im Kreuzungsfeld genannten Menge des in Zeile 1 genannten Brennstoffes.
Beispiel: 1 rm gemischtes Brennholz (= 1 Ster) entspricht 2 m_s^3 (Schütt-Kubikmeter) gemischten Hackschnitzeln oder 180 l Heizöl oder 6,4 Zentnern Braunkohlebriketts.

		Energieinhalt verschiedener Brennstoffe im Vergleich								
		Laub-derb-holz	Nadel-derb-holz	Brenn-holz ø	Brenn-holz	Hack-schnit-zel	Heizöl leicht	Erdgas	Strom	Koks-kohle	Braun-kohle-brikett
Einheit		1 rm	1 rm	1 rm	1 m³ = 1 fm	1 m_s^3	1 l	1 m³	1 kWh	50 kg	50 kg
Energieinhalt		2070 kWh	1570 kWh	1800 kWh	2600 kWh	900 kWh	10 kWh	10 kWh	1 kWh	415 kWh	280 kWh
Laub-derbholz	1 rm	1	1,32	1,15	0,8	2,3	207	207	2070	5	7,4
Nadel-derbholz	1 rm	0,76	1	0,87	0,6	1,75	157	157	1570	3,8	5,6
Brenn-holz ø	1 rm	0,87	1,15	1	0,7	2	180	180	1800	4,3	6,4
Brenn-holz ø	1 m³ =fm	1,26	1,65	1,44	1	2,8	260	260	2600	6,25	9,3
Hack-schnitzel	1 m_s^3	0,43	0,6	0,5	0,35	1	90	90	900	2,17	3,2

feuerung von Brennholz ist sehr wenig Hilfsenergie notwendig. Bei Gewinnung und Transport werden kaum umweltbelastende Stoffe (z.B. flüchtige organische Verbindungen wie das klimawirksame Methan) freigesetzt. Die Transportrisiken (z.B. Tankerunglücke) sind unbedeutend. Lagerrisiken für Wasser oder Luft gibt es beim Brennholz nicht. Lediglich beim Arbeitsaufwand steht Brennholz an der Spitze.

In Bezug auf die Verbrennung weisen Holzheizungen wegen der relativ hohen Emission von Stickoxiden (NO_x), von Kohlenmonoxid (CO), Staub und Asche im Vergleich zu modernen Gas- oder Ölfeuerungen gewisse Nachteile auf; dafür

3 Mehrere Raummeter selbst zugerichtetes Brennholz lagern am Rande der Obstwiese gegenüber vom Haus.

4 Wer mit Holz heizt, nutzt gespeicherte Sonnenenergie.

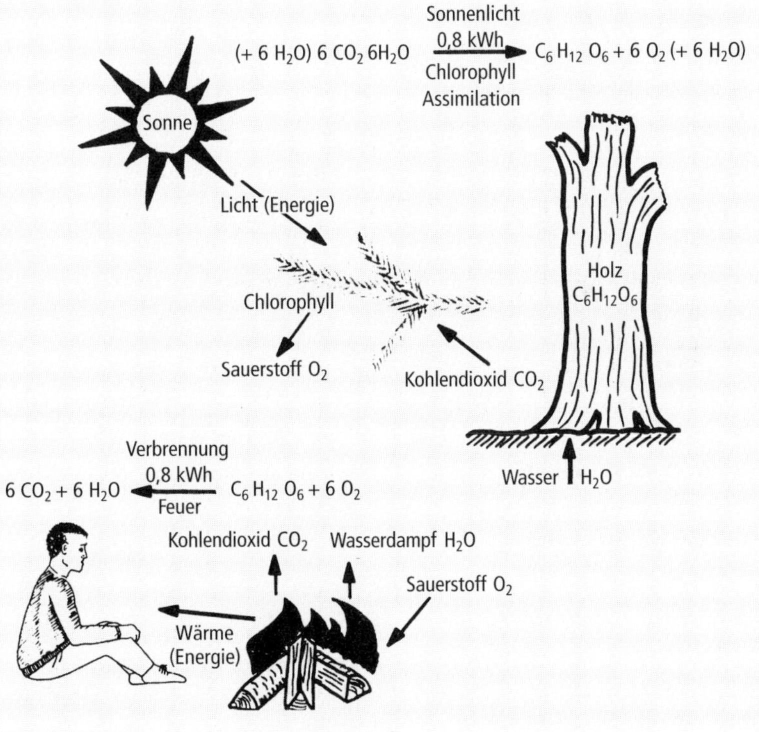

$$(+ 6\ H_2O)\ 6\ CO_2\ 6H_2O \xrightarrow[\text{Chlorophyll Assimilation}]{\text{Sonnenlicht } 0{,}8\ kWh} C_6H_{12}O_6 + 6\ O_2\ (+ 6\ H_2O)$$

Sonne

Licht (Energie)

Chlorophyll

Sauerstoff O_2

Kohlendioxid CO_2

Holz $C_6H_{12}O_6$

Wasser H_2O

$$6\ CO_2 + 6\ H_2O \xleftarrow[\text{Feuer}]{\text{Verbrennung } 0{,}8\ kWh} C_6H_{12}O_6 + 6\ O_2$$

Kohlendioxid CO_2 Wasserdampf H_2O

Sauerstoff O_2

Wärme (Energie)

sind die Emissionen an Schwefeldioxid (SO_2) und Schwermetallen gering. In der Kohlendioxid-Bilanz (CO_2) ist Brennholz fast neutral, wegen der für die Gewinnung aufzuwendenden Hilfsenergie allerdings nicht ganz.

Ärgerlich und in der Umweltbilanz ungünstig sind natürlich falsch betriebene oder für Holz technisch ungeeignete Feuerstellen, die zu einer schlechten Verbrennung führen. Diese erzeugen belästigende und gesundheitsschädliche organische Verbindungen, die über den Schornstein in die unsere Atemluft gelangen.

Holz ist ein *nachwachsender Rohstoff*, der in einem gewissen Umfang immer vorhanden sein wird. Auch wenn die begrenzten Energiequellen Öl, Gas, Kohle, Uran erschöpft sind, wird es noch Holz geben.

Der Wald ist eine kleine unerschöpfliche Energiequelle

Der genaue jährliche Holzzuwachs im deutschen Wald ist nicht bekannt. Die Schätzungen lagen früher (vor 1960) bei 45 Millionen Festmetern und bewegen sich heute (1997) um mehr als 60 Millionen Festmeter. Der Grund für die Zunahme dürfte vor allem im Anstieg der Stickstoffeinträge und des Kohlendioxidspiegels liegen. Als nachhaltig nutzbar wird gegenwärtig ein Wert von 57 Millionen Festmetern massiven Holzes angesehen. Diese Menge kann jährlich im deutschen Wald geerntet werden, ohne die Holzvorräte und Nutzungsmöglichkeiten für unsere Nachkommen zu schmälern.

Der Brennholzmarkt ist im Detail unbekannt, weil nicht jeder verheizte Ster statistisch erfaßt ist. Nach Schätzungen können vom Erntevolumen bis zu 25% (das sind 14 Millionen m³), manche meinen bis zu 40% (23 Millionen m³), in den Brennholzmarkt gehen, ohne daß dadurch die Versorgung der übrigen holzwirtschaftlichen Bereiche gefährdet wird. 1996 wurde geschätzt, daß gegenwärtig jedes Jahr mindestens 12 Millionen m³ an schwachem Derbholz im Wald ungenutzt verbleiben. Wird nur diese bisher nicht verwendete Menge Schwachholz zusätzlich zu der bisher vermutlich für Heizzwecke verwendeten Holzmenge von 5 Millionen m³ hinzugefügt, ergibt sich ein Brennholzpotential von 17 Millionen m³. Eine derart hohe Brennholznutzung würde für alle anderen Verwender von Holz nicht die kleinste Veränderung des Angebots bedeuten. Weil es sich finanziell nicht lohnt, unterbleibt bisher diese Nutzung aus dem nachhaltig bewirtschafteten deutschen Wald.

17 Millionen Festmeter, das sind rund 24 Millionen Raummeter (Ster), entsprechen energetisch etwa dem Heizwert von 4,4 Milliarden Litern Heizöl. In unserem Wald befindet sich somit eine bisher zum Teil ungenutzte Quelle stetig sprudelnder Energie.

Nutzbare Holzmengen in Deutschland	
nachhaltig nutzbar	$57 \cdot 10^6$ fm
als Brennholz nutzbar	$14 - 23 \cdot 10^6$ fm
bisher als Brennholz genutzt	$5 \cdot 10^6$ fm
nicht genutztes Potential	$12 \cdot 10^6$ fm
10^6 fm = 1 Millionen Festmeter = 2,6 Mio. MWh	

Der Primärenergieverbrauch bewegt sich Deutschland gegenwärtig um $4 \cdot 10^{12}$ (Billionen) kWh, das sind rund 50.000 kWh je Einwohner. Rund ein Drittel der Primärenergie geht bei der Umwandlung in Endenergie verloren. Der Verbrauch an Endenergie in Deutschland beträgt derzeit $2,6 \cdot 10^{12}$ kWh. Deutschland steht beim Pro-Kopf-Energieverbrauch damit an vierter Stelle in der Welt. Der durchschnittliche Pro-Kopf-Verbrauch liegt weltweit nur etwa bei einem Drittel des deutschen Niveaus.

Die Haushalte und Kleinverbraucher benötigen knapp die Hälfte der Endenergie, etwa $1,2 \cdot 10^{12}$ kWh. Die Hausheizung allein braucht rund $0,7 \cdot 10^{12}$ kWh. Die auf Dauer aus dem deutschen Wald zu gewinnenden 24 Millionen Raummeter Brennholz könnten von diesem Energiebedarf knapp 7% decken und damit weit über eine Million Wohnungen heizen. Tatsächlich wird Brennholz laut Statistik aber nur zu einem Fünftel des geschätzten Potentials genutzt.

Diese Zahlen zeigen: Brennholz allein bietet keinen Ausweg bei zur Neige gehenden Energieressourcen, aber es kann einen kleinen Beitrag zur Hausheizung leisten. 4,4 Milliarden Liter Heizöl haben bei einem Preis von 0,25 € je Liter immerhin einen Wert von mehr als einer Milliarde Euro.

Die genannten Holzmengen beziehen sich auf das verfügbare Derbholzvolumen. *Derbholz* ist das mindestens 7 cm dicke Holz. Von manchen wird auch die energetische Nutzung der übrigen Biomasse propagiert, also des Reisigs, Feinreisigs, der Blätter und Nadeln. Ich halte eine solche Vollnutzung nicht für sinnvoll, weil sie zwangsläufig zu einer Nähr-stoffrückführung durch eine regelmäßige Volldüngung unserer Wälder führen müßte.

Die 24 Millionen Raummeter (= rm) Brennholz können jedes Jahr geerntet werden, ohne daß wir Angst vor einem Raubbau haben müssen. Schließlich wird der jährliche Holzzuwachs im deutschen Wald auf rund 57 Mio. m^3 geschätzt, das entspricht mindestens 80 Mio. rm.

Bisher gibt es jedenfalls noch genug nicht genutztes Restholz im deutschen Wald. Wo dieses Restholz als Brennholz nicht gesucht ist, bleibt es im Wald liegen und verrottet. Auf wieder anzupflanzenden Kulturflächen wird das Abfallholz gar im Freien verbrannt – ohne energetischen Nutzen. Aus Gärten, Obstbaumanlagen, Gehölzstriefen etc. fallen in der Summe durchaus beachtliche Mengen an stärkerem Holz an, welchs bisher z.T. im Freien verbrannt oder nach einer mechanischen Zerkleinerung kompostiert wird. Auch dieses Holz kann energetisch genutzt werden. Zwischen 2 Mio. m^3 und 4 Mio. m^3 (3 – 5 Mio. rm) wird dieses Potential geschätzt.

Außerdem wird alles Holz irgendwann einmal Abfallholz. Unterstellen wir, daß auf Dauer 24 Mio. rm Brennholz direkt aus dem Wald verwendet werden und daß aus dem übrigen Nutzholzbereich etwa ein Viertel an unbehandeltem, naturbelassenem Holz hinzu kommt, dann sind dies weitere 15 Mio. rm an Restholz, welches zu Heizzwecken verwendet werden könnte. Durch beides zusammen lassen sich 7 Milliarden Liter Heizöl jedes Jahr auf Dauer einsparen. Gut 10% des gegenwärtigen Haushalts-Heizungsenergiebedarfs könnten damit auf unendliche Zeit gedeckt werden.

Die Holzverbrennung und das Kohlendioxid

Wenn jährlich nur soviel Holz verbrannt wird, wie im Wald neues Holz wächst, dann führt die Holzverbrennung zu keiner Veränderung des CO_2-Gehaltes der Atmosphäre. Beim Wachstum des Holzes wird genausoviel vom klimawirksamen „Treibhausgas" Kohlendioxid gebunden, wie bei der vollständigen Verbrennung entsteht (Abb. 4).

Bleibt das Holz im Wald und verfault dort nach dem Tod der Bäume, ergibt dies im Kohlenstoffkreislauf dasselbe Resultat. Fäulnis ist eine sehr langsame „Verbrennung". Nur wenn Holz auf Dauer vor dem vollständigen Abbau bewahrt bleibt, wird das in ihm gespeicherte CO_2 nicht frei. In einem Kubikmeter Holz sind rund 230 kg Kohlenstoff gebunden, das entspricht ca. 850 kg Kohlendioxid.

Das heute durch die Verbrennung von Kohle, Erdgas, Heizöl oder Benzin in die Luft gelangende Kohlendioxid wurde in früher Vorzeit auch von assimilierenden Pflanzen (z.B. auch Plankton) festgelegt. Der Kohlenstoffkreislauf zeigt dies (Abb. 5). Wir lösen in unserer energiehungrigen Zeit pro Jahr ein Kohlenstofflager auf, das in vielen hunderttausend Jahren durch Pflanzenwachstum entstanden ist.

Das Abbrennen von (tropischen) Wäldern erhöht den CO_2-Gehalt der Atmosphäre, weil dabei die Biomasse oxidiert. Umgekehrt sind holzreiche Wälder ein „Kohlenstofflager". Bei der in Deutschland praktizierten Forstwirtschaft hat der Holzvorrat in den letzten 200 Jahren ständig zugenommen, von den Zeiten der beiden Weltkriege abgesehen. Mitteleuropas Wälder sind heute holzreicher als sie je in den vergangenen 200 Jahren waren. Die Brennholznutzung wird diese Entwicklung nicht beeinflussen, solange sie in dem beschriebenen Rahmen bleibt.

5   Der Kohlenstoff-Kreislauf.

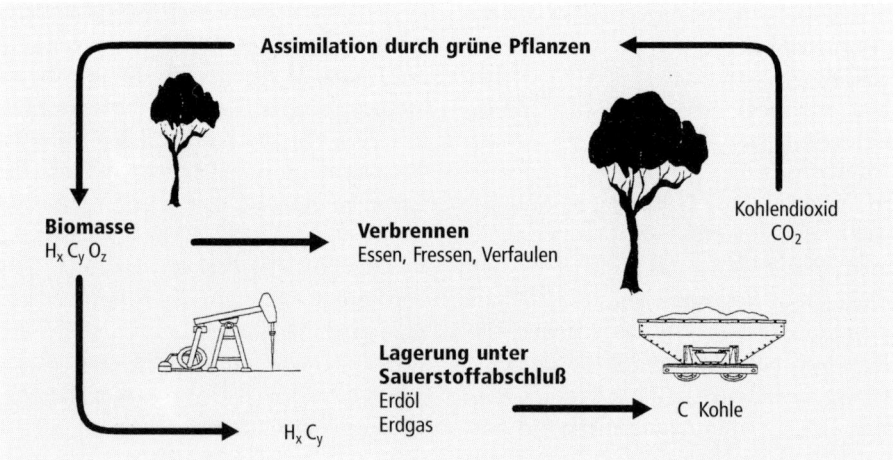

Die nachhaltige Brennholz-Ernte ist kein Raubbau am Wald

Lebenskampf

Über 100 Jahre dauert es, bis aus dem wenige Millimeter großen Samenkorn ein hoher und dicker Baum wird. Nur sehr wenige der aus dem Samen schlüpfenden Baumkeimlinge werden zu einem alten Baum. Auf einem Quadratkilometer Waldboden können in einer dichten natürlichen Baumsaat weit über 10.000.000 Baumsamen keimen. Die meisten dieser Baumkeimlinge werden in den ersten Lebensmonaten Opfer widriger Lebensverhältnisse.

Sie sterben an Wassernot, Licht- und Wärmemangel; sie werden von Tieren gefressen oder von Krankheiten dahingerafft. Rund 1.000.000 Bäumchen wer-

6 Der Weg des Rohholzes durch die Volkswirtschaft.

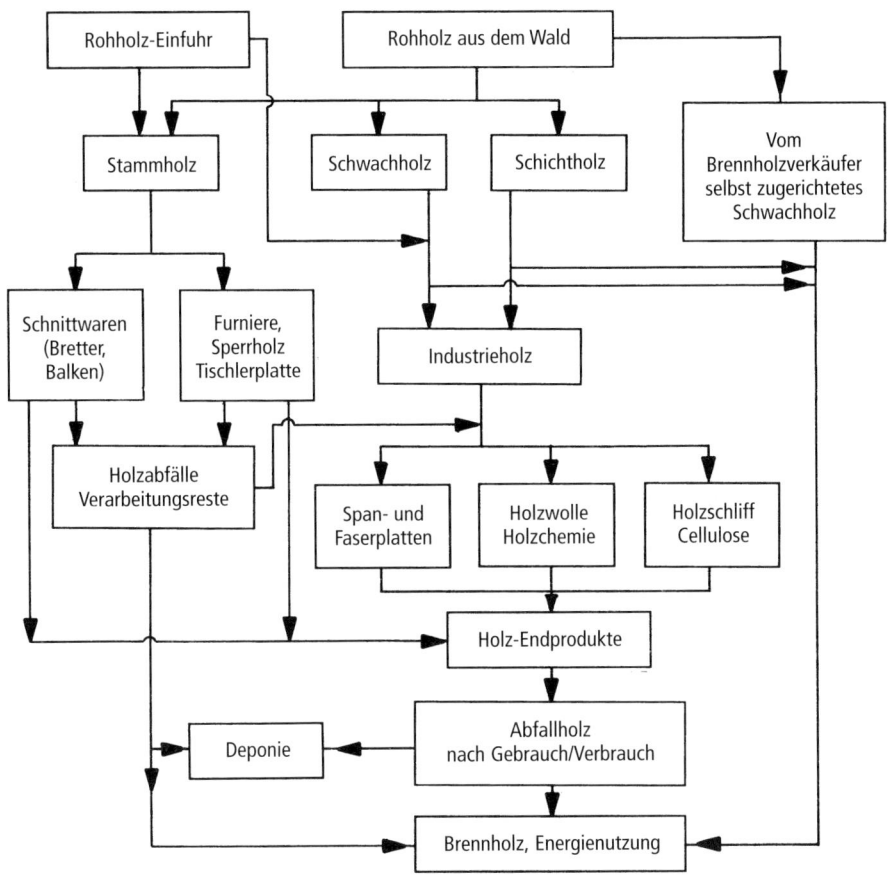

den nach fünf bis zehn Jahren noch übrig sein. Einhundert oder zweihundert Jahre später, wenn aus den Bäumchen mächtige Bäume erwachsen sind, reicht der Platz nur noch für höchstens 30.000 von ihnen. Die Mehrzahl wird den erbarmungslosen Kampf um Licht, Nährstoffe und Wasser verlieren und absterben. Nur einer von dreihundert keimenden Samen wird also das Lebensziel „Baum" erreichen.

Wer im Naturwald im erbarmungslosen Konkurrenzkampf nicht vorne liegt, wer also vom Nachbarn überwachsen wurde, wird dürr, stürzt um und verfault. Doch auch der Baum, der sich durchsetzen konnte, lebt nicht ewig. Er stirbt den Alterstod, bricht allmählich zusammen und macht wieder jungen Pflanzen Platz.

Wirtschaftswald

Diesen Kreislauf des Lebens nutzen die Forstleute. Sie nehmen den natürlichen Existenzkampf zwischen den Bäumen vorweg, indem sie alle fünf bis zehn Jahre die Waldbestände durchforsten, d.h. pflegen. Sie schaffen so den geeigneten, gesunden und gut gewachsenen Bäumen den notwendigen Lebensraum. Damit wird vermieden, daß die überlebenden Bäume im natürlichen Existenzkampf „jeder gegen jeden" geschwächt und krankheitsanfällig werden. Ein gepflegter, durchforsteter Wirtschaftswald ist deshalb gesünder als ein Urwald oder ein ungepflegter Wald, dessen Bäume im Ausscheidungskampf untereinander stehen. Indem das natürliche Wachstum der Bäume gelenkt und das Holz geerntet wird, anstatt daß es verfault, wird aus einem zwangsläufigen Naturvorgang ein natürlicher Rohstoff, das Holz, gewonnen.

Raubbau

In vielen Teilen dieser Erde wird ein unverantwortlicher Raubbau mit dem Wald und seinem Holz getrieben: Es wird mehr

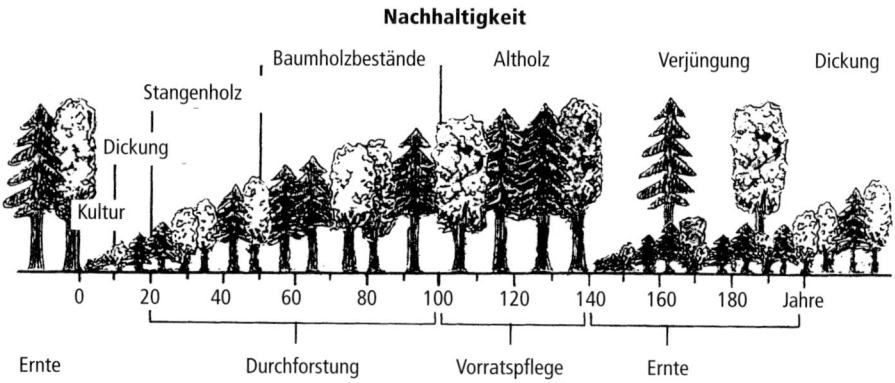

7　In einem nachhaltig bewirtschafteten Wald sind alle Altersstufen mit der gleichen Fläche vertreten.
Quelle: Ministerium für den ländlichen Raum – Landesforstverwaltung, Stuttgart

Holz gefällt als wieder nachwachsen kann. Ähnliches haben auch unsere Vorfahren in Mitteleuropa bis um das Jahr 1800 getan. Abgeholzte, verwüstete Waldreste waren die Folge. Diese Erfahrung war der Geburtshelfer einer langfristig planenden Forstwirtschaft und der Grund für eine starke staatliche Kontrolle in der deutschen Waldwirtschaft. Die Forstbeamten sollen verhindern, daß aus kurzfristigem finanziellem Interesse der öffentlichen und privaten Waldeigentümer eine für Wald und Gesellschaft langfristig schädliche Entwicklung eintritt.

Nachhaltige Holzernte

Seit dieser Zeit darf in einem Jahr nur soviel Holz geerntet werden, wie jedes Jahr nachwächst. *Nachhaltigkeit* nennen die Forstleute diesen Grundsatz.

Gegen diesen Nachhaltigkeits-Grundsatz wurde bei uns in Notzeiten verstoßen. Nicht nur in den Wäldern wurde zeitweilig mehr Holz gehauen als nachwuchs, sondern auch in den Ballungsräumen der Großstädte wurde am Ende des Zweiten Weltkrieges manche „grüne Lunge" abgeholzt, um Brennholz zu gewinnen. Manch alte Baumallee verschwand damals im Ofen, wo sie den Frierenden wertvoller war.

Holz wird geerntet bei Durchforstungen, wenn den verbleibenden Bäumen der notwendige Lebensraum geschaffen werden muß und es wird gewonnen bei der Ernte der ältesten Bäume. Eine vom alten Waldbestand geräumte Fläche muß sofort wieder mit jungen Bäumen bepflanzt werden, und es darf nichts getan werden, was die Pflanzen- oder Bodengesundheit beeinträchtigt.

Die Pflege der Bestände, die sachgerechte Durchforstung, ist entscheidend für das Hochwachsen eines gesunden Waldes, der den Gefahren der Natur ein Höchstmaß an Widerstandskraft entgegensetzen kann. Hoffen wir, daß unsere menschliche Gesellschaft die Kraft aufbringt, die den Wald belastenden Luftschadstoffe zukünftig zu vermeiden, und daß sie Geldmittel bereitstellt, um die Bodenveränderungen rückgängig zu machen, welche durch die zugeführten Schadstoffe und die frühere Streunutzung ausgelöst wurden.

Der Kauf von Brennholz

Wo kann ich Brennholz kaufen?

Brennholz verkauft der Waldbesitzer bzw. dessen Förster. Wenn Sie noch keinen Brennholzverkäufer kennen, dann schauen Sie im Telefonbuch nach. Unter „Forstdienststellen" finden Sie sicher einen Ansprechpartner, der Ihnen möglicherweise gleich Brennholz verkaufen kann; in jedem Fall kann er Ihnen aber raten, wie Sie zu Ihrem Brennholz kommen und was es etwa kosten wird. Oft kann Ihnen auch die Gemeinde- oder Stadtverwaltung, der Waldbesitzerverband, die Landwirtschaftskammer, das Landwirtschaftsamt oder der Bauernverband sagen, wo Sie Brennholz bekommen können. Schließlich gibt es in einigen Orten auch noch einen Brennholzhändler, der – natürlich entsprechend teurer – das Brennholz ofenfertig frei Haus liefert. Anruf genügt.

Der Brennholzmarkt ist von Ort zu Ort verschieden, weshalb auch die Brennholzpreise unterschiedlich sind. Ein großräumiger Marktausgleich lohnt sich wegen der hohen Transportkosten nicht.

Welche Brennholz-Sorten werden angeboten?

Üblicherweise wird in Deutschland beim Waldbesitzer *Stückholz* gekauft. Die *Hackschnitzel* werden meist nur in automatisierten und entsprechend großen Holzheizanlagen verfeuert. Der *Restholzkauf* ist die Ausnahme, weil Sägewerke und andere holzverarbeitende Betriebe ihre Holzreste oft selbst verwerten. Wenn in Ihrer Nähe ein holzverarbeitender Betrieb ist, bei dessen Produktion Holzreste anfallen, dann rufen Sie dort einmal an und erkundigen Sie sich.

Flächenlos

Am billigsten ist das Brennholz im Flächenlos. Das noch nicht zugerichtete Holz auf einer abgegrenzten Waldfläche

8 Die Formen des Brennholzangebotes.

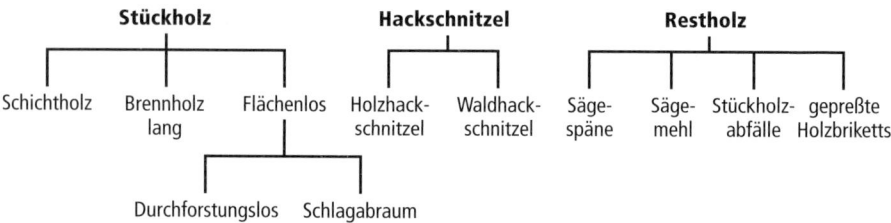

wird als Flächenlos bezeichnet. Das Recht, in dieser Fläche das nutzbare Brennholz herausarbeiten zu dürfen, kann man kaufen. Der Kaufpreis hängt von der im Flächenlos liegenden Holzmenge und von den Holzarten ab. Die Flächenlose werden als Durchforstungslose oder Schlagabraumlose angeboten:

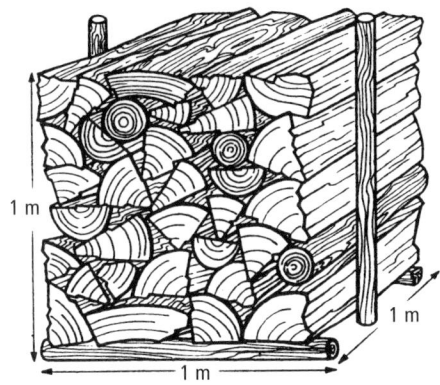

9   Ein Raummeter Brennholz.

* *Durchforstungslos*: Es gibt Durchforstungslose, in denen die zu fällenden überzähligen, vom Förster markierten Bäume erst vom Brennholzkäufer umgesägt werden müssen. In anderen Durchforstungslosen ist diese Fällarbeit schon von Forstwirten getan worden.

* *Schlagabraumlos*: Wenn in einem Starkholzbestand die Forstwirte alles dicke Holz entnommen haben, bleibt gelegentlich noch eine ganze Menge dünneres Holz zurück. Dieses Holz kann der Käufer herausarbeiten. Gelegentlich muß er dafür alles zurückbleibende Reisig beseitigen (zum Beispiel verbrennen), damit die nachfolgende Pflanzung junger Waldbäume möglich ist. Dann ist der Preis entsprechend niedriger.

Schichtholz

Die meist ein Meter langen Stücke von Stämmen und starken Ästen werden zu Holzstößen aufgesetzt verkauft. Das Verkaufsmaß ist üblicherweise der Raummeter (= rm). Ein Raummeter ist ein Stapel von 1 m Breite x 1 m Tiefe x 1 m Höhe = 1 Kubikmeter aufgeschichtetes Holz. Dabei ist es handelsüblicher Brauch, dem Raummeter 4% Übermaß zu geben, ihn also um 4 cm höher aufzusetzen. Im Raummeter befinden sich zwischen den Holzstücken mehr oder weniger große Lufträume, weshalb 1 rm nur etwa 0,7 m³ massivem Holz (ohne Rinde) entspricht. Ster ist der in Süddeutschland übliche Begriff für Raummeter.

Ein Raummeter Brennholz am lastwagenbefahrbaren Hauptabfuhrweg ist teurer als am Erdweg. Außerdem schwankt der Preis mit der Holzart.

Brennholz lang

Auf Wunsch kann man meist auch Brennholz in langer Form kaufen. Dabei handelt es sich um an gut befahrbare Wege gerückte, dünnere, längere Baumstammstücke, deren Volumen geschätzt wird. Verkaufsmaß ist hier der Festmeter. Ein Festmeter entspricht einem Kubikmeter massivem Holz beziehungsweise 1,4 Raummeter. Brennholz lang ist billiger als Schichtholz, da dem Waldbesitzer keine Einschneidekosten und vor allem keine Kosten für das Aufschichten in Raummeter entstehen. Der Käufer kann die Baumstücke an Ort und Stelle auf seine Wunschlänge zersägen und für die Heimfahrt aufladen.

21

Im Wald ist Holzauktion

Mancherorts wird das Brennholz öffentlich versteigert. Angeboten wird bei diesen Versteigerungen das Brennholz in „Losen". Lose sind die Verkaufseinheiten, in welche der Förster das Brennholzangebot eingeteilt hat. Zur Versteigerung einige Tips:

* Schauen Sie sich das Holz vorher an.
* Erkundigen Sie sich bei einem „alten Hasen" nach dem ortsüblichen Preisniveau.
* Suchen Sie sich etwa dreimal so viele Holzlose heraus, wie Sie brauchen, damit Sie bei einem zu hohen Gegenangebot nicht mithalten müssen.
* Setzen Sie sich für die von Ihnen gewünschten Brennholzlose Preisobergrenzen.

Bieten Sie dann auf die von Ihnen gewünschten Lose unverzagt und ohne Wimpernzucken bis zu Ihrer Obergrenze mit, bis Sie Ihren Brennholzbedarf gedeckt haben. Wenn Ihre Preisobergrenze überschritten ist, sollten Sie zumindest bei den ersten zwei Losen, konsequent aufhören mitzubieten.

Ist die Nachfrage groß, werden die zuletzt angebotenen Lose besonders teuer, weil sich jetzt noch jeder schnell mit der notwendigen Brennholzmenge eindecken will. Wenn die Nachfrage mäßig ist, können die letzten Lose auch einmal besonders preiswert werden.

Mancherorts sind die Laub-Brennholzlose recht teuer, während das Nadelbrennholz noch billig zu bekommen ist. Wenn das Nadelbrennholz mehr als 25 Prozent billiger ist, sollten Sie diesen Modetrend preisbewußt ausnützen und lieber Nadelholz kaufen.

Nicht erst seit der Holzauktion im Grunewald können Holzversteigerungen unterhaltsam, ja lustig sein. Wenn Sie also nicht zum Zuge kamen, trösten Sie sich damit, wenigstens eine echte Holzauktion-Atmosphäre miterlebt zu haben.

Der Brennholz-Transport

Kleinere Mengen kurzgesägtes Brennholz können Sie nach getaner Waldarbeit im Pkw-Kofferraum mit nach Hause nehmen. Denken Sie dabei aber daran, daß das zulässige Gesamtgewicht Ihres Autos nicht überschritten werden darf. Ein halber Raummeter waldfrisches Holz wiegt immerhin soviel wie vier erwachsene Personen. Falls Sie einen Landwirt mit Schlepper und Pritschenwagen für Ihren Holztransport suchen, kann Ihnen der Förster oder Waldbesitzer meist mit Rat helfen. Manche Forstbetriebe bieten auch „Brennholz frei Haus" an. Billiger wird's allerdings, wenn Sie beim Auf- und Abladen mit zupacken.

10 Viele Raummeter Schichtholz warten auf Käufer.

Brennholz selbst gemacht gibt mehrmals warm

Weil das im Wald selbst aufbereitete Brennholz besonders billig sein kann, enthalten die folgenden Abschnitte Tips für den Hobbywaldarbeiter. Diese Hinweise machen aus Ihnen zwar keinen „Forstwirt", wie der ausgebildete Waldfacharbeiter genannt wird, aber sie können helfen, grobe Fehler zu vermeiden.

Das selbst aufbereitete Brennholz ist eine herz- und kreislaufanregende Energiequelle. Der zivilisationsträge Mensch kann beim Brennholzmachen seine Muskeln trainieren und zugleich seinen Geldbeutel schonen. Gehen Sie aber überlegt und konzentriert ans Werk. Fragen Sie im Zweifel den Fachmann um Rat.

Arbeitskleidung

Ihre Arbeitskleidung soll bequem sein, aber doch ausreichend eng am Körper anliegen. Eine zu weite oder eine offene Jakke behindert bei der Arbeit; sie kann in die laufende Motorsägenkette geraten und zu üblen Unfällen führen. Da der Umgang mit Motorsäge und Axt gefährlich ist, trägt der Profi besondere *Schutzkleidung*:

- Schutzhelm mit Gehör- und Gesichtsschutz
- Arbeitshandschuhe
- Arbeitshose mit Schnittschutzeinlagen (welche oft Beinverletzungen durch die Motorsäge vermeiden)
- Arbeitsjacke mit Signalfarbpartien
- Schuhwerk mit Stahlkappen und Schnittschutzeinlagen.

Gerade für den wenig geübten Freizeitwaldarbeiter kann diese Schutzkleidung besonders wertvoll sein: Ihrer Gesundheit zuliebe. Allerdings ist sie auch recht teuer; beispielsweise kostet eine Schnittschutzhose mit Rundumschutz im Wadenbereich ca. 80 €, Helm mit Zubehör ca. 50 bis 60 €. Vielleicht können Sie sich einer (preiswerten) Sammelbestellung des Forstamtes anschließen.

11 Prüfzeichen.
Die Vergabe des FPA- bzw. DLG-Zeichens setzt die erfolgreiche GS-Prüfung voraus. Sie bestätigen zusätzlich die Brauchbarkeit für die Waldarbeit.
Quelle: „Sichere Waldarbeit und Baumpflege". Informationsschrift des Bundesverbandes der Unfallversicherungsträger der öffentlichen Hand e.V., 1986

Gutes Werkzeug für den Hobbywaldarbeiter

Gutes Werkzeug fördert die Leistung und damit die Freude an der selbstgewählten Waldarbeit. Beachten Sie die *Prüfzeichen*, die sicherheitsüberprüftes und für die Waldarbeit geeignetes Gerät und Werkzeug ausweisen.

Motorsäge

Holz läßt sich senkrecht zu den Holzfasern nicht spalten sondern nur sägen. Für das Fällen und Einschneiden wie auch für das Entasten hat sich inzwischen auch beim Hobbywaldarbeiter die Motorsäge durchgesetzt.

Diese erstaunlichen Kraftpakete mit dem Leistungsgewicht eines Formel-II-Rennwagens sind allerdings nicht gera-

de billig. Für den nur selten mit einer Säge arbeitenden Brennholzwerker lohnt sich eine Profisäge kaum. Ihm genügt in der Regel ein als „Farmersäge" bezeichnetes einfacheres Gerät. Eine Säge für den gelegentlichen Gebrauch wird bei einer Leistung um 1,5 bis 2 kW etwa 4 bis 5 kg wiegen und um 450 € kosten. Auch hier haben Komfort und Sicherheit ihren Preis. Den Bedienungskomfort erhöht eine gute elektronische Zündanlage, eine automatische Kettenschmierung, eine Schnellspannung für die Sägenkette, ein das Anwerfen erleichterndes Startsystem. Schwingungsgedämpfte Handgriffe reduzieren die gesundheitsschädlichen Vibrationsbelastungen. Wer eine besonders leise Motorsäge will, muß bei gleichem

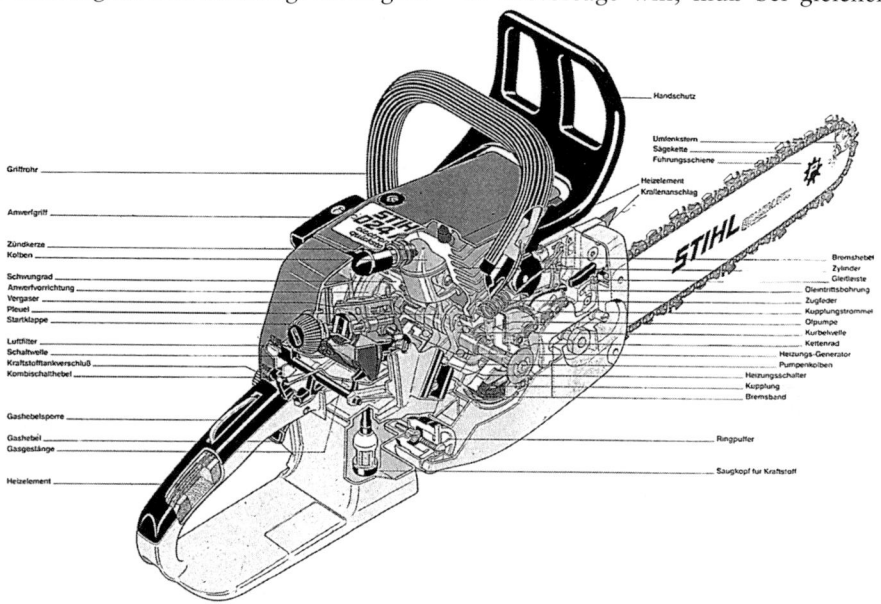

12 Eine moderne Motorsäge
Foto: Fa. A. Stihl, Maschinenfabrik, 71336 Waiblingen

24

Gewicht etwas weniger Leistung akzeptieren.

Profisägen können über 1.100 € kosten. Bei ihnen können die Handgriffe beheizbar und ein Katalysator eingebaut sein. Sie zeichnen sich aus durch große Zuverlässigkeit und Robustheit für die rauhe Arbeit im Wald, durch hohe Leistung und eine längere Lebensdauer. Als mittelschwere Sägen wiegen sie um 5 bis 7 kg und bringen 3 bis 4 kW Leistung auf die Kette.

Eine 30 bis 40 cm lange Führungsschiene genügt für Freizeitarbeiten. Selbst gut 60 cm starke Stammteile lassen sich damit noch durchtrennen. Wählen Sie eine Halbmeisel-Sägekette, die Sie relativ einfach von Hand nachschärfen können. Ungeeignet ist die aggressive Hochleistungskette des Profis.

Achten Sie darauf, daß Ihre Motorsäge in puncto Sicherheit auf dem laufenden ist:

- Die *Gashebelsperre* verhindert ungewolltes Gasgeben.
- Die *automatische Quickstop-Kettenbremse* bringt die Sägekette schlagartig zum Stehen, wenn Ihre linke Hand vom Griff nach vorne abrutscht oder wenn die Säge unvermutet hochschlägt.
- Der *Handschutz* vor dem vorderen Griffrohr (verbunden mit der Kettenbremse) und unter dem hinteren Griff schützt Ihre Hände vor Prellungen, Quetsch- und Schürfverletzungen.
- Der *Kettenfangbolzen* unterhalb des Ketteneinlaufs am Motorgehäuse fängt die gerissene Sägekette auf.
- *Sicherheitsketten* verringern das Rückschlagrisiko, wenn versehentlich mit der Schienenspitze gesägt wird.
- Der *Schutzköcher* verhindert beim Transport der Säge Beschädigungen und Verletzungen durch die scharfkantige Sägekette.

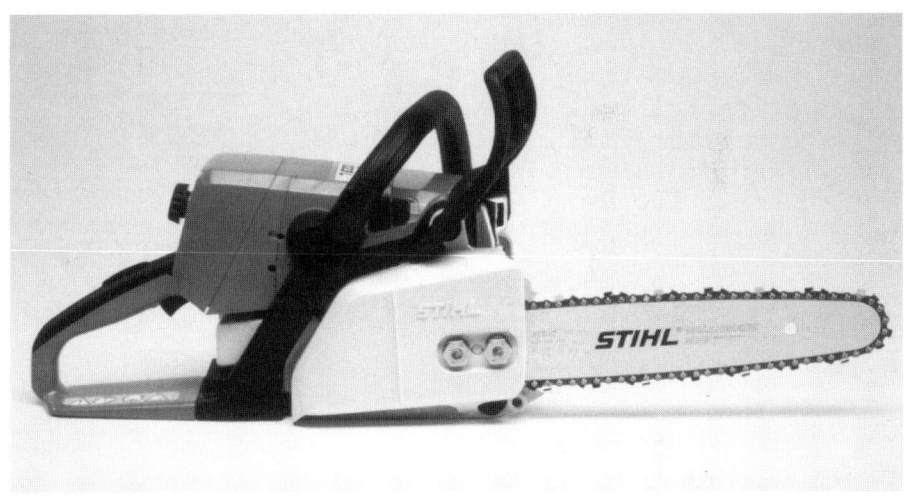

13 Eine besonders leise und kompakte „Farmersäge" des Hobbybereichs. Foto: Fa. A. Stihl, Maschinenfabrik, 71336 Waiblingen

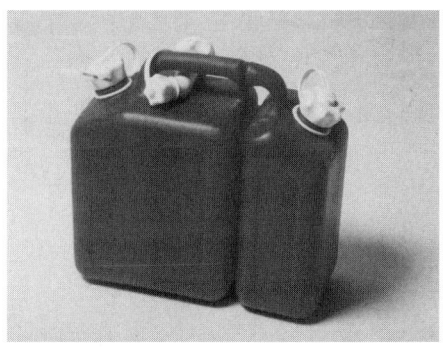

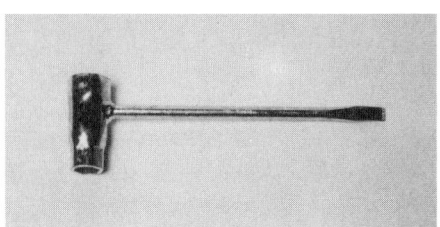

14 Motorsägenzubehör: Doppelkanister,
Ketten-Feilgerät und Kombi-Schlüssel.
Fotos: Forstgerätestelle W. Grube KG,
29646 Bispingen

Für die Arbeit mit der Motorsäge benötigen Sie jetzt noch die passende Feile zum Nachschärfen der Kette und einen Zündkerzen- und Kettenspann-Kombinationsschlüssel sowie einen Doppelkanister für Kraftstoff und Kettenschmieröl. Alle modernen Motorsägen arbeiten mit bleifreiem Kraftstoff. Der Handel bietet außerdem für die Kettenschmierung sogenannte Bio-Öle auf pflanzlicher Basis an, die biologisch rasch abbaubar und technisch zum Teil ebenso geeignet sind wie die herkömmlichen Produkte.

Strikt verboten und obendrein maschinenschädigend ist übrigens die Verwendung von Altölen zur Kettenschmierung!

Bügelsäge

Als Handsäge eignet sich eine etwa 80 cm lange Bügelsäge aus gehärtetem nahtlosem Ovalstahlrohr mit Spannhebel. Gute Sägeblätter sind mit gehärteten Sägezahnspitzen versehen.

Keile

Vor hinderlichen Verklemmungen bewahrt Sie der geeignete und richtig gesetzte Keil. Sie sollten sowohl einen in die Hosentasche passenden Aluminiumkeil mitführen als auch einen großen Fäll- bzw. Spaltkeil aus Duraluminium mit Holzeinsatz und Aluminiumring. Stahl- und Eisenkeile werden bei evtl. Sägekettenkontakten gefährlich und sind deshalb verboten.

Axt

Für die Arbeit im Schwachholz genügt eine 800 bis 1000 g wiegende Axt. Für stärkeres Holz ist eine 1200 bis 1400 g schwere Axt zweckmäßig. Der Axtstiel

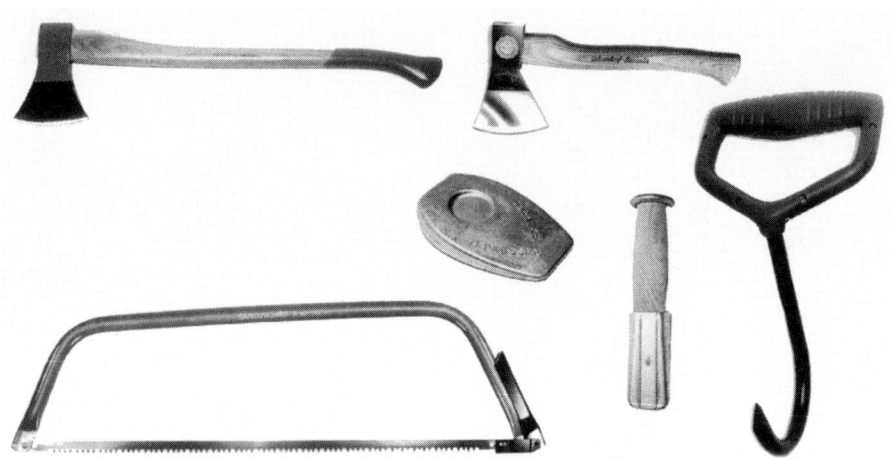

15 Axt, Beil, Bügelsäge, Taschenkeil, Fäll- und Spaltkeil, Packhaken.
Fotos: Forstgerätestelle Waldemar Grube KG, 29646 Bispingen

aus Hickory, Feldahorn, Weißbuche oder Esche ist zwischen 70 und 80 cm lang und soll die geschwungene Form eines „Kuhfußes" besitzen.

Zum Holzspalten gibt es eine mit Spreizbacken versehene, etwa 3000 g schwere Axt, die einen Teil der senkrechten Spaltkräfte in waagerechte Spreizkräfte umwandelt und so die Spaltwirkung verstärkt.

Beil

Zum Spalten der kurzgesägten Holzrollen in Holzscheite benutzen Sie ein 600 bis 800 g schweres Beil mit 40 bis 50 cm langem Stiel.

Profi-Geräte

Die 1 Meter langen Holzrollen lassen sich mit Packhaken bzw. Packzangen gut manipulieren bzw. über kurze Entfernun-

gen schleifen. Wer oft in schwächeren Durchforstungsbeständen Bäume selbst fällt, für den kann ein Fällhebel mit Wendehaken sinnvoll sein, insbesondere wenn dieser zugleich als Sägebock eingesetzt werden kann.

Sägebock

Wenn Sie Ihren Sägebock nicht selbst anfertigen sondern kaufen, dann achten Sie darauf, daß der Sägebock eine Halterung für das Holz hat und daß die Holzauflage an einer Stelle unterbrochen ist, damit das Holz dort ohne Gefahr für die Sägekette durchgesägt werden kann.

Spaltklotz

Der Spaltklotz muß kippfest auf dem Boden stehen und eine ausreichend große Spaltfläche besitzen.

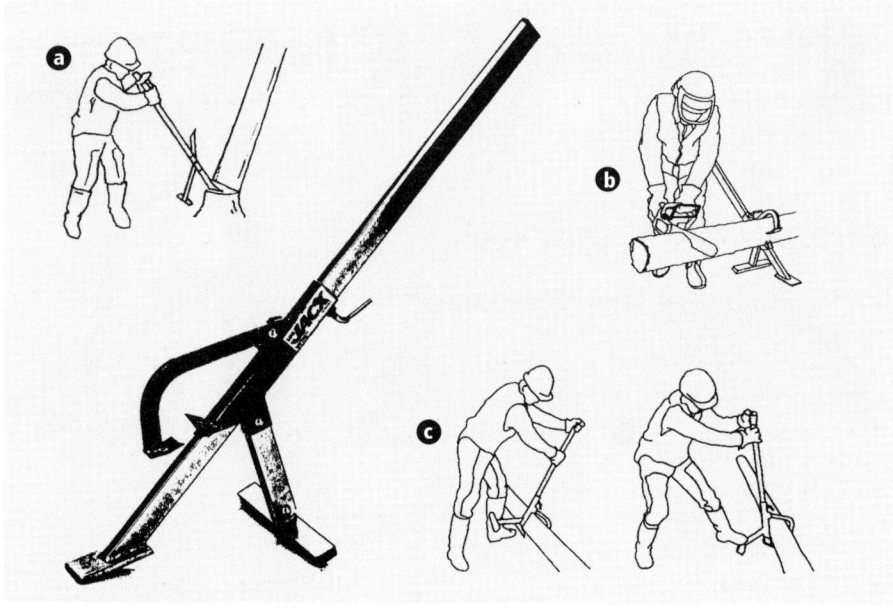

16 Vielzweckgerät verwendbar als
a) Stammheber beim Fällen, b) niedriger Sägebock, c) Wendehaken.
Fotos: Forstgerätestelle Waldemar Grube KG, 29646 Bispingen

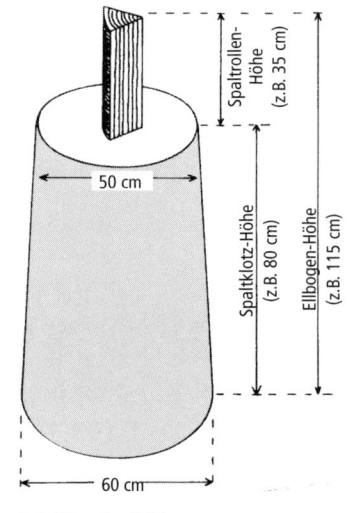

17 Für die Motorsägenarbeit geeigneter
Sägebock. Fotos: Fa. A. Stihl
Maschinenfabrik, 71336 Waiblingen

18 Der Spaltklotz.

Ein Spaltgerät in der Form eines hydraulischen Anbaugerätes an einen landwirtschaftlichen Schlepper ist für den privaten Bedarf nur dann interessant, wenn Sie regelmäßig in größerem Umfang mit starkem Holz zu kämpfen haben. Vielleicht können Sie ein solches Gerät samt Schlepper und fachkundiger Bedienung stundenweise mieten.

Grundsätzliche Arbeitsregeln

Helfer: Der Profi arbeitet im Wald niemals allein! Wer allein arbeitet, läuft Gefahr, sich bei einem Unfall nicht selbst helfen zu können. Das kann folgenschwer sein. Die Arbeit zu zweit (oder zu dritt) bietet mehr Sicherheit. Sie können sich z.B. auch mit Ihren Flächenlos-Nachbarn absprechen.

Helfer dürfen nicht zu Opfern werden! Wenn gefällt wird, soll sich im Umkreis der doppelten Baumlänge um den zu fällenden Baum keine zweite Person aufhalten. Beim Entasten und Einschneiden darf sich keine zweite Person im Schwenkbereich, d.h. innerhalb der Reichweite der Motorsäge befinden. Gleiches gilt für die Arbeit mit der Axt.

Jeder darf nur mit den Geräten arbeiten, die er beherrscht! Besondere Umsicht ist geboten, wenn Kinder und Jugendliche mithelfen.

Verbandkasten: Der Verbandkasten (z.B. aus dem Auto) muß vollständig sein und soll sich in der Nähe der Arbeitsstelle befinden.

Versicherung: Als Freizeitwaldarbeiter sind Sie nicht durch den Forstbetrieb versichert. Ihre gesetzliche oder private Krankenversicherung wird zwar ggf. für direkte Heilbehandlungskosten aufkommen, aber darüber hinaus kann nur eine private Unfallversicherung mögliche Schadensfolgen abdecken.

Sie können einen Unfall dadurch zwar nicht ausschließen, aber durch das Tragen geeigneter Schutzkleidung schränken Sie nicht nur die Verletzungsgefahr ein, sondern Sie beugen auch dem Vorwurf grober Fahrlässigkeit vor. Der Verzicht auf geeignete Schutzkleidung kann versicherungs- und arbeitsrechtlich dieselben unangenehmen Folgen haben wie z.B. ein Verstoß gegen die Gurtpflicht im Pkw!

Arbeit mit der Motorsäge

Motorsägearbeit bleibt selbst für den erfahrenen Profi immer gefährliche Arbeit.

• Wenden Sie deshalb bitte nicht die „Versuch und Irrtum"-Methode an, sondern lesen Sie zuerst die Bedienungsanleitung sorgfältig durch. Nur wer seine Maschine samt ihren Eigenarten kennt, kann erfolgreich damit umgehen.

• Stellen Sie Ihre Säge zum Anwerfen auf den Boden. Die linke Hand gehört an den vorderen Griff, die rechte Stiefelspitze steht im hinteren Griff auf dem Handschutz.

- Gehen Sie mit laufendem Motor nur kürzeste Strecken und legen Sie dabei immer die Kettenbremse ein.
- Die Sägekette darf im Leerlauf nicht mitlaufen.
- Vermeiden Sie das Sägen mit der Schienenspitze (bzw. Bodenkontakt mit der Schienenspitze), denn die Säge kann dabei blitzartig hochschlagen. Sägen Sie möglichst mit einlaufender Kette, also mit der Schienenunterseite.
- Unnötige Leerlaufzeiten erhöhen Ihre Abgas- und Lärmbelastung.

- Die Motorsäge mit Verbrennungsmotor darf nicht in geschlossenen Räumen eingesetzt werden.
- Sorgen Sie stets für ausreichende Kettenschärfe, richtige Kettenspannung und gute Kettenschmierung.
- Vergessen Sie nicht die tägliche Wartung Ihrer Säge. Reparaturen, von denen auch Ihre Sicherheit abhängen kann, gehören allerdings in die Hand des Fachmannes.

Empfehlenswert ist die Teilnahme an einem Motorsägenkurs! Ihr Fachhändler oder das Forstamt können über entsprechende Möglichkeiten Auskunft geben.

Fällen von Bäumen

Wer ein Durchforstungs-Flächenlos kauft, muß oft auch selbst Bäume fällen. Dabei wird es sich in aller Regel um Schwachholz handeln, so daß auch der Freizeit-Waldarbeiter das Fällen wagen kann.

Schwierige Bäume – wie stark nach einer Seite hängende, einseitig bekronte Bäume, holzfaule oder sehr dicke Stämme – sollen grundsätzlich nur vom Profi gefällt werden, denn dazu sind Fachkenntnisse und Erfahrung notwendig.

Fällrichtung: Sie bestimmen zunächst in welche Richtung der Baum fallen soll. Zwei Dinge sind dabei zu überlegen:

- Wo befindet sich der nächste Weg bzw. die nächste Fahrlinie? Dorthin sollte der Baum fallen, um die Tragestrecken zu verkürzen.

- Ihr Baum soll nicht in der Krone anderer Bäume hängenbleiben, d.h. Sie suchen nach einer Lücke, die das Zufallbringen erleichtert.

Die letztendliche Fällrichtung wird meist ein Kompromiß zwischen beiden Bedingungen sein. Sollten Sie ein Laubholz-Flächenlos am Hang gekauft haben, so bestimmt der talseits verlagerte Kronenschwerpunkt der Bäume weitgehend die Fällrichtung: Hang abwärts.

Teilen Sie Ihre Arbeit so ein, daß Sie jeweils dorthin fällen, wo bereits fertig aufgearbeitet ist. Sie haben dadurch mehr Spielraum zum Zufallbringen und stehen nicht im Reisig liegender Bäume.

Fallbereich: Fallende Bäume können andere Bäume mitreißen. Als Fallbereich (= Gefahrenbereich!) gilt deshalb die dop-

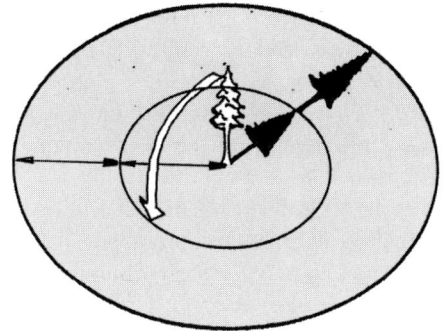

19 Gefahrenzonen beim Baumfällen: Fallbereich = doppelte Baumlänge rundum.
Quelle: „Sichere Waldarbeit und Baumpflege". BAGUV, Karlsruhe 1986

pelte Baumlänge rundum. In diesem Bereich darf sich außer Ihnen niemand aufhalten!

Wenn die Fällrichtung festliegt, legen Sie Ihr Werkzeug (Motorsäge, Keil, Axt) hinter dem Baum ab. Schräg nach hinten werden hindernisfreie „Rückweichen" (Rückzugswege) vorbereitet (z.b. altes Reisig entfernen). Wenn der Baum schließlich fällt, treten Sie auf die Rückweiche zurück, denn der Stammfuß kann beim Fallen nach oben oder zur Seite ausschlagen. Sie beobachten den Kronenraum wegen eventuell herabfallender Äste und warten bis die Kronen der stehenden Bäume nicht mehr schwingen. Unter hängengebliebenen Ästen weiterzuarbeiten, ist gefährlich.

Fälltechnik: Bevor Sie die Säge ansetzen, befreien Sie den Stammfuß von Steinen, Erde und Bodenbewuchs. Sie arbeiten sicherer und die Kette bleibt länger scharf. Im Nadelholz kommen Sie dem Stamm besser bei, wenn Sie zuvor mit der Axt die Äste bis in Brusthöhe entfernen.

Schwache Bäume (bis 12 bis 15 cm Durchmesser) fällen Sie durch einen einfachen *Schrägschnitt* mit einlaufender Kette. Dabei stehen Sie seitlich (links vorn) vom Baum. Der Stamm rutscht über die Führungsschiene nach vorn vom Stock ab. Ein hängengebliebener Baum dieser Dicke läßt sich oft leichter mit der Schulter nach hinten bzw. bergab „abtragen" (wegtragen) als mit der Hand nach vorne umdrücken.

Erkennen Sie schon vor dem Fällen, daß der Baum abgetragen werden muß, damit er zu Fall kommt, dann sägen Sie zuerst einen waagrechten Fällschnitt über ca. 9/10 vom Durchmesser und trennen dann mit auslaufender Kette durch einen schrägen Schnitt von oben nach unten im Fallkerbbereich das restliche 1/10 durch. Der Baum rutscht über die Schiene nach hinten und läßt sich so leichter abtragen.

Bei stärkeren Bäumen (ab 15 cm Durchmesser) wird ein *Fallkerb* angelegt:

• Ausladende Wurzelanläufe beisägen, so daß nur noch senkrecht ziehende Holzfasern den Stamm halten (Ausnahme siehe unten).

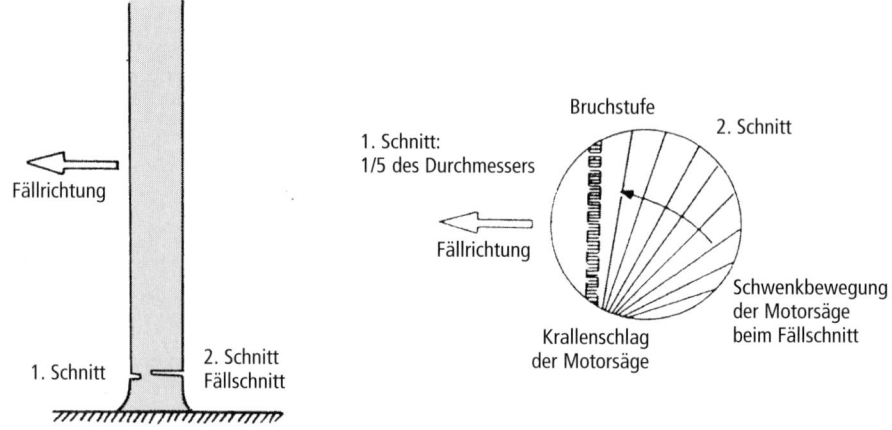

20 Eine früher in schwächerem Holz angewandte Fälltechnik.

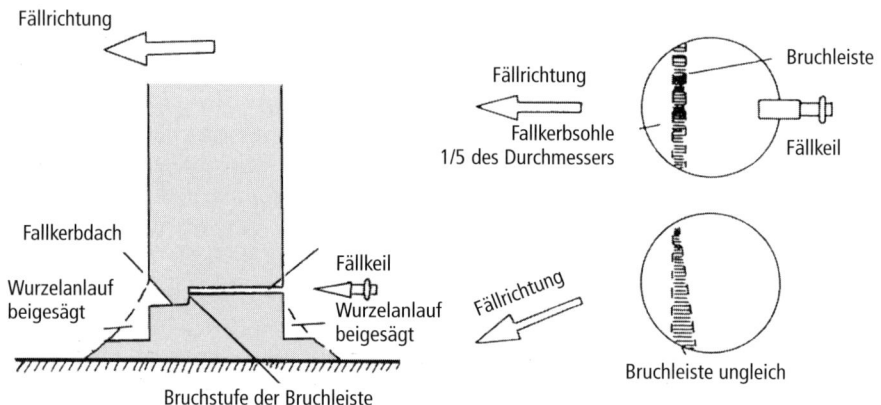

21 Der Fällschnitt im stärkeren Holz.

- Der Fallkerb gibt dem Baum Richtung und Führung. Er reicht 1/5 (max. 1/3) des Durchmessers in den Stamm hinein. Der Winkel zwischen der waagerechten Fallkerbsohle und dem Fallkerbdach soll ca. 45° betragen. Wenn Sie zuerst den Dachschnitt anlegen, läßt sich durch die Schnittfuge beobachten, wann der Sohlenschnitt den Dachschnitt erreicht. Die Gefahr, den Baum „totzusägen", wird dadurch geringer (siehe unten). Sie stehen rechts neben dem Baum und sägen mit einlaufender Kette.

• Der Fällschnitt wird waagerecht von hinten geführt. Dazu wechseln Sie nach links neben den Baum, um wiederum mit einlaufender Kette sägen zu können. Das Niveau des Fällschnitts liegt bei 2 bis 3 cm (1/10 des Durchmessers) über dem Niveau der Fallkerbsohle. Dadurch entsteht eine Bruchstufe, die gemeinsam mit der Bruchleiste, welche zwischen Fallkerb und Fällschnitt stehen bleibt, den kontrollierten Fall des Baumes gewährleistet. Die Bruchleiste soll ebenfalls 1/10 des Durchmessers stark sein. Sie ist das Scharnier, über das der Baum abkippt. Der Baum fällt allerdings nur dann in die gewünschte Richtung, wenn die Bruchleiste auf ganzer Länge gleich breit ist. Ist sie auf einer Seite breiter, zieht der Baum mehr in diese Richtung. Wenn Sie die Bruchleiste durchtrennen (d.h. „totsägen") gerät der Baum außer Kontrolle und kann in jede Richtung fallen.

Der Profi keilt seinen Baum um. Schalten Sie den Motor der Säge aus und stellen diese (nach hinten) weg. Treiben Sie den Fällkeil mit der Axt in den Fällschnitt, bis der Baum über die Bruchstufe nach vorne abkippt. Im Fallen reißt der Baum die Bruchleiste ab. Im etwas stärkeren Holz wird es oft notwendig sein, den Keil bereits zu setzen bevor der Fällschnitt fertig schließt. Wenn Sie beim Beisägen der Wurzelanläufe einen nach hinten führenden Wurzelanlauf belassen, haben Sie später mehr Spielraum für Keil und Führungsschiene.

Hänger: Mit der Krone in anderen Bäumen hängengebliebene Bäume können im

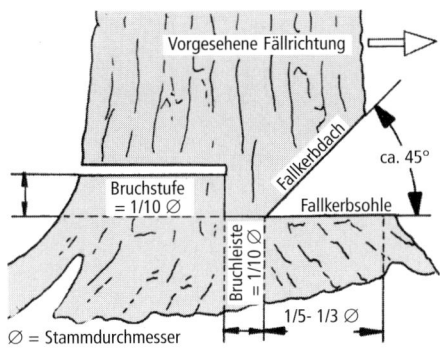

22 Führung der Schnitte im Detail.
Das Beischneiden der Wurzelanläufe kann je nach Ausformung und Stärke des Stammfußes vor oder nach der Fällung zweckmäßig sein, faule Stämme dürfen jedoch niemals vor der Fällung beigeschnitten werden. Quelle [1]

Schwachholzbereich in der Regel abgetragen oder mit dem Wendehaken heruntergedreht werden.

• Arbeiten Sie auf keinen Fall unter Hängern weiter!

• Versuchen Sie niemals, z.B. hindernde Äste zu entfernen, den aufhaltenden Baum zu fällen, einen anderen Baum über den Hänger zu werfen oder den Hänger stückweise abzuklotzen!

Hänger reagieren oft sehr plötzlich, schnell und gefährlich. Deshalb im Zweifel Finger weg, Fallbereich meiden, Förster oder Waldbesitzer informieren.

Entasten von Bäumen

Der Profi kennt eine Reihe von Entastungsverfahren, die hohe Leistung, Kraftersparnis, Sicherheit und günstige Körperhaltung zum Ziel haben. Die Leistung bestimmt im Zeitakkord den Verdienst.

Gerade beim Entasten sollte sich aber der Hobbywaldarbeiter nicht unter Leistungsdruck setzen, auch dann nicht, wenn der Flächenlos-Nachbar bereits seine fertigen Raummeter zählt.

Das Entasten zählt zu den unfallträchtigsten Aufgaben des Waldarbeiters. Arbeiten Sie deshalb ruhig und überlegt und versuchen Sie, ganz bewußt jeden Schnitt bzw. Hieb kontrolliert zu führen. Beachten Sie dabei folgende Grundregeln:

- Auf sicheren Stand achten.
- Nur vorwärtsgehen, wenn die Säge leer läuft und die Führungsschiene auf der körperabgewandten Stammseite liegt. Niemals gehen und zugleich sägen.
- Nicht mit der Schienenspitze sägen. Rückschlaggefahr.
- Astspannungen beurteilen. Unter Spannung stehende stärkere Äste erst stummeln und dann die jetzt spannungsfreien Stummel von Stamm trennen.
- Stamm durch Unterlagen (z.B. anderer Stamm, selbstgebauter Bock) auf günstige Arbeitshöhe bringen. Das schont die Wirbelsäule und mindert die Gefahr, in den Boden zu sägen.
- Motorgehäuse am Stamm abstützen bzw. auflegen. Das spart Kraft.
- Mit der Axt immer so entasten, daß sich der Stamm zwischen Axt und Mann befindet.
- Axthiebe vom Körper weg führen, damit abprallende Schläge ins Leere gehen.

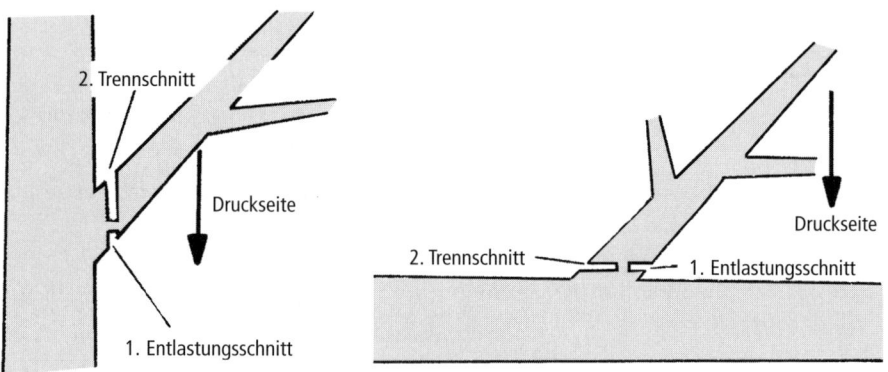

23 Reihenfolge der Schnitte beim Entasten.

Zersägen von Bäumen: Das Einschneiden

Auch hier gelten die Grundregeln:

• Auf sicheren Stand achten.
• Nicht mit der Schienenspitze sägen. Rückschlaggefahr.

Von besonderer Bedeutung ist die Beurteilung von Spannungen im Holz. Überlegen Sie, in welche Richtung die Längskräfte (axialen Kräfte) an der geplanten Schnittstelle wirken und sprechen Sie jeweils die Druckseite und die Zugseite an.

Der erste Schnitt ist immer ein Entlastungsschnitt in die Druckseite (aber nicht so weit, daß die Führungsschiene eingeklemmt wird). Der zweite Schnitt ist der Trennschnitt von der Zugseite her.

Überlegen Sie vorher, ob und ggf. wohin der Stamm ausschlagen kann und wählen Sie Ihren Stand so, daß Sie nicht in Gefahr geraten (d.h. bei seitlicher Spannung immer auf der Druckseite stehen, denn der Stamm schlägt zur Zugseite hin aus).

Legen Sie das einzuschneidende Holz möglichst auf Unterlagen, um nicht in den Boden zu sägen.

Arbeit am Hang

Spätestens bei der Aufarbeitung wird Ihnen einleuchten, weshalb Sie der Einzige waren, der für dieses Flächenlos geboten hat. Die Arbeit am Hang ist in aller Regel zeitaufwendiger, schwieriger und gefährlicher als in der Ebene.

Das Bemühen um sicheres Gehen und sicheren Stand bei der Arbeit wird hier zwangsläufig in den Vordergrund treten. Hast, Eile und ungeeignete Kleidung (Schuhwerk!) sind hier noch weniger am Platz als unter einfachen Geländeverhältnissen.

Arbeiten Sie möglichst von der Bergseite her, um nicht durch abrollendes Holz in Gefahr zu geraten. Arbeiten Sie

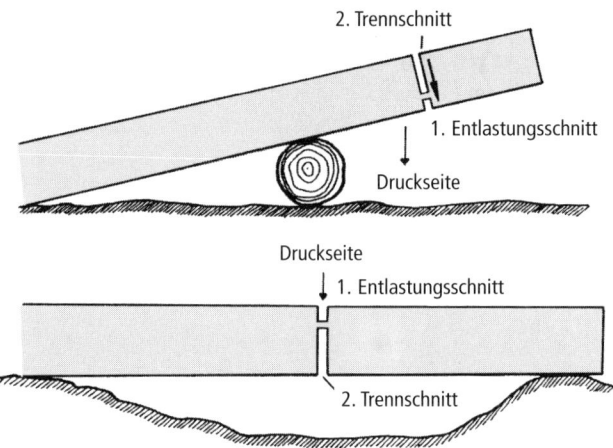

24 Zersägen von Bäumen mit der Motorsäge.

35

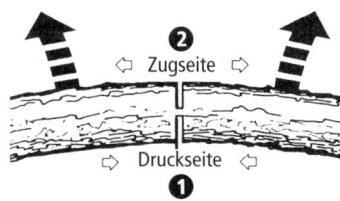

Stamm auf der Oberseite in Zugspannung
Gefahr: Baum schlägt hoch!

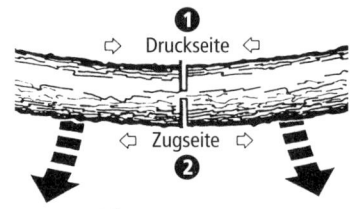

Stamm auf der Unterseite in Zugspannung
Gefahr: Baum schlägt nach unten!

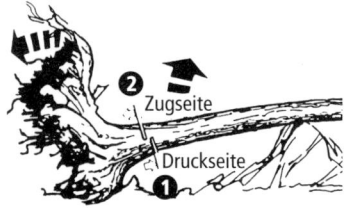

Starke Stämme und starke Spannung
Gefahr: Baum schlägt blitzsartig aus!

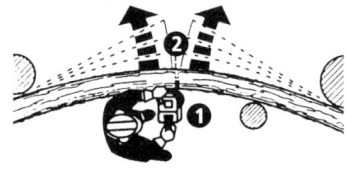

Stamm seitlich eingespannt
Gefahr: Baum schlägt zur Seite aus!

25 Nehmen Sie sich genügend Zeit, die Spannungen richtig zu beurteilen.   Quelle [1]

nicht in Fallinie untereinander, sondern seitlich versetzt.

Soweit sich die Fällrichtung frei bestimmen läßt (z.B. im Nadelholz), sollten Sie bemüht sein, bergauf zu fällen, um ggf. Hänger bergab abtragen und um in relativ aufrechter Körperhaltung bergauf gehend entasten zu können.

Gut beraten sind Sie, wenn Sie nach einer günstigen Seilwinde Ausschau halten, mit deren Hilfe sich das Holz in langer Form zum nächsten Weg hochziehen läßt, um es dort ggf. zu entasten und einzuschneiden.

Der Abtransport

Das von Ihnen selbst aufbereitete Brennholz muß zunächst einmal dorthin gelangen, von wo Sie es schließlich auf den Anhänger laden und nach Hause fahren können. Sofern Sie nicht auf eine Seilwinde zurückgreifen können, um Ihr Holz in langer Form an Wege und Fahrlinien zu ziehen, um es dort einzuschneiden – ein Verfahren, das sich natürlich auch in der Ebene anbietet –, bleibt eigentlich nur die Methode „Ameise": Kleine Lasten, viele Schritte.

Denken Sie rechtzeitig daran, daß die Waldfläche selbst nur auf den vom Förster ausgewiesenen Fahrlinien (den Rückegassen) befahren werden darf. Dadurch sollen die seit einiger Zeit kritisch beurteilten Schäden am Boden wie auch am verbleibenden Baumbestand vermieden bzw. auf möglichst wenige Linien beschränkt werden. Fahren deshalb auch Sie nicht mit Schlepper und Anhänger kreuz und quer zwischen den Bäumen herum. Der Wald wird es Ihnen danken und der Waldbesitzer sollte sich im Gegenzug über den Holzpreis erkenntlich zeigen.

Eigenschaften des Brennholzes

Wie trocken ist Holz?

Beim frisch geschlagenen „grünen" Holz kann die Hälfte des Holzgewichtes aus Wasser bestehen. Wenn das Brennholz ein Jahr gut belüftet gelagert war und völlig trocken aussieht, enthält es immer noch zwischen 15 und 20% Wasser. Man bezeichnet es dann als „lufttrocken". Nach trockenen Sommertagen kann die Feuchte um 15% liegen, an neblig feuchten Herbsttagen steigt der Feuchtegehalt wieder und kann dann über 20% betragen. Das Holz tauscht nämlich mit der Umgebungsluft Feuchtigkeit aus: es ist (schwach) hygroskopisch, so daß sich je nach natürlicher Luftfeuchtigkeit ein „Feuchtegleichgewicht" im Bereich von 15 bis 25% Holzfeuchte einstellt. Gut luftgetrocknetes Holz enthält also im Mittel zwischen 15 und 20% Wasser, bezogen auf das Darrgewicht.

Darrgewicht oder *absolutes Trockengewicht* (atro) ist das Gewicht des vollkommen trockenen Holzes. Wenn Sie den Feuchtigkeitsgehalt messen wollen, dann sägen Sie mit einer ganz scharfen Kettensäge, mit kalter Kette, die zu prüfenden Holzstücke in der Mitte durch. Fangen Sie die Sägespäne auf, wiegen Sie die Sägespäne, und schreiben Sie das Gewicht G_u auf. Jetzt trocknen Sie die Sägespäne bei 100 bis 110°C im Backofen, mindestens zehn Stunden lang. Dann wiegen Sie die Späne erneut und notieren Sie das jetzt erreichte Darrgewicht G_o. Der relative Feuchtegehalt vor der Trocknung betrug

relative Feuchte in % = $(G_u - G_o)/G_o \cdot 100\%$

Beispiel:

Gewicht der Sägespäne vor der Ofentrocknung $G_u = 180$ g

Gewicht der Sägespäne nach der Ofentrocknung $G_o = 150$ g

relative Feuchte = $(180 - 150)/150 \cdot 100\% = 30/150 \cdot 100\% = 20\%$

Das Holz war also lufttrocken.

Einfacher ist die Ermittlung der Holzfeuchte mit marktüblichen elektronischen Meßgeräten. Allerdings sind diese teuer und ihr Meßbereich liegt meist unter 25% Feuchtigkeit (bezogen auf das Darrgewicht). Unmittelbar vor der Messung muß das Holzstück gespalten werden, damit die Meßstelle in der Scheitmitte liegt.

26 Wärmeinhalt und Trocknung. Quelle [2]; (verändert durch den Verfasser)

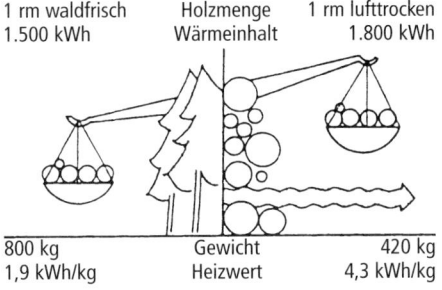

1 rm waldfrisch	Holzmenge	1 rm lufttrocken
1.500 kWh	Wärmeinhalt	1.800 kWh
800 kg	Gewicht	420 kg
1,9 kWh/kg	Heizwert	4,3 kWh/kg

Wegen des teilweise hohen und nur mit aufwendigen Verfahren feststellbaren Wasseranteils sollte Holz nicht nach Gewicht, sondern nach Volumengrößen gekauft werden. Wer bezahlt schon gern Wasser, welches den vom Produkt erwarteten Nutzen nur verringert.

Teurer Wasserschaden durch feuchtes Holz

Frisch geschlagenes „grünes" Holz oder schlecht gelagertes Holz enthält zuviel Wasser; deshalb sollten Sie schon in Ihrem eigenen Interesse solches Holz nie als Brennholz verwenden. Denn das im Brennholz enthaltene Wasser hat teure Folgen.

Das Wasser muß „herausgekocht" werden, bevor das Holz verbrennt. Der dadurch eintretende Wärmeverlust setzt sich zusammen aus der Energie, welche notwendig ist, um das Wasser bis zum Siedepunkt zu erhitzen, aus der Verdampfungswärme und aus der Energie, die für die weitere Erhitzung des Dampfes notwendig ist. Jeder Liter Wasser verbraucht so ungefähr 700 Wh Energie, die mit dem Wasserdampf den Schornstein verlassen.

Bei guter Brennholzlagerung werden Feuchtigkeitsgehalte von 15 bis 20% erreicht. Führt eine etwas weniger optimale Lagerung zu einer nur um 10% höheren Feuchte, dann bedeutet dies schon einen Heizwertverlust von rund 9%.

Der Wassergehalt verringert aber nicht nur den Heizwert, sondern er senkt als Folge auch die Temperatur in der Brennkammer. Da durch diese Temperaturabsenkung die zur vollständigen Verbrennung notwendige Hitze meist nicht mehr erreicht wird, verbrennen nicht mehr alle Holzbestandteile. Unverbrannte Holzgase verlassen den Schornstein oder schlagen sich als Teer und Ruß an den Abgasklappen und im Schornstein nieder. Energiereiche Holzteile bleiben so unverbrannt, weitere Holzenergie geht damit verloren.

Der nicht verbrannte Teer und Ruß verschmutzt die Rauchgaszüge und den Schornstein, er „isoliert" die wärmeabgebenden Heizflächen und verhindert so die vollständige Wärmeabgabe. Dadurch wird eine zusätzliche dritte Wärmeverlustquelle mit dem Verbrennen zu feuchten Holzes geschaffen. Schließlich verschmutzen die unverbrannten Ruß- und Holzgasebestandteile auch die Luft unserer Umgebung.

Fazit: Frisches, feuchtes Holz brennt schlecht, qualmt stark, heizt weniger, verrußt Ofen samt Schornstein und belastet die Umwelt. Erst mit dem Trocknen wird aus Holz wertvolles Brennholz.

27 Aufgeschichteter Brennholzstapel an einer Hauswand.

38

Trocknen von Brennholz

Beim Fällen trocknen: Wer sein Durchforstungsholz im Sommer einschlägt, der kann die „Laubtrocknung" (auch „Sauerfällung" genannt) ausnützen. Die Äste mit Blättern oder Nadeln bleiben noch drei bis fünf Wochen am Stamm. Über die Nadeln oder Blätter verdunstet der Baum eine Zeit lang reichlich Wasser, so daß nach trockenem Sommerwetter die Holzfeuchtigkeit auf 30 bis 40% gesunken sein kann. Die „Laubtrocknung" funktioniert natürlich nur dann, wenn die Bäume gesunde Blätter oder Nadeln besitzen. Wegen der Borkenkäfergefahr wird dieses Verfahren beim Nadelholz nicht überall erlaubt!

Trocknen durch richtiges Lagern: Folgende Grundsätze müssen beim Lagern von Brennholz beachtet werden:

- Das Holz gebrauchsfertig zersägt und gespalten lagern, weil die kleineren Holzstücke rascher trocknen als die Meterrollen.
- Holz auf etwa 20 cm hohe luftdurchlässige Unterlagen legen, damit die Luft unter dem Holzstapel hindurchblasen kann.
- Hinter der Holzbeige (dem Holzstapel) einen mindestens 5 bis 10 cm breiten senkrechten Luftspalt lassen.
- Holzbeige mit einem überkragenden Dach vor dem Regen schützen.
- Luftzugarme Räume sind für Brennholz schädlich, denn Brennholz muß trocken und möglichst luftig gelagert werden.

Weil Holz in Richtung der Leitungsbahnen (Holzgefäße) die Feuchtigkeit

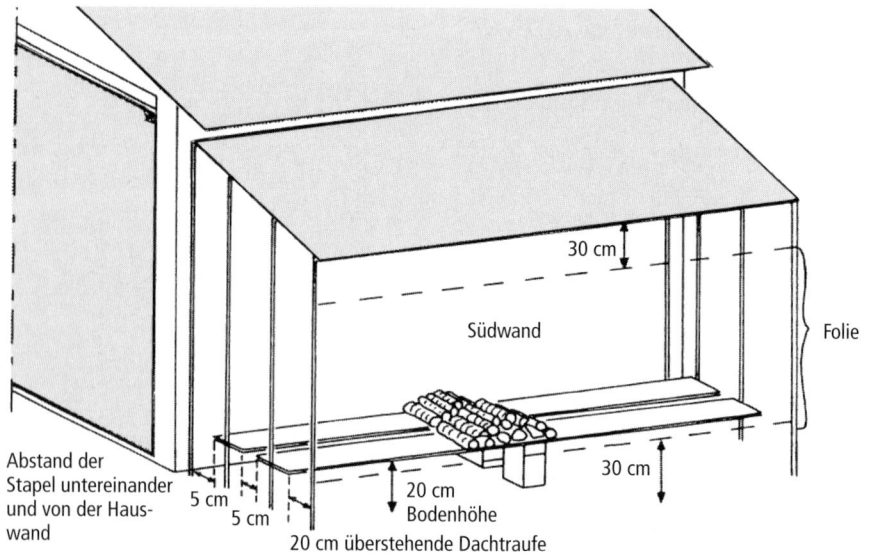

30 cm

Südwand

Folie

Abstand der
Stapel untereinander
und von der Haus-
wand

5 cm

5 cm

20 cm
Bodenhöhe

20 cm überstehende Dachtraufe

30 cm

28 Günstige Situation für die Lagerung von Brennholz an einer Gebäudewand.

schneller verliert als quer zur Faser, wird kurzgesägtes Holz rascher trocknen, wenn die Stirnflächen von Luft umweht sind.

Einen fachkundigen Holzstapel mit Dach an einer Gebäudewand zeigt Abb. 28. Steht dieser Holzstapel an einer Südwand, kann an der Vorderfront eine windfeste, durchsichtige, UV-stabilisierte Folie angebracht werden, die oben und unten je 30 cm offen läßt. Die Sonne heizt die Luft hinter dieser Folie auf (Treibhauseffekt) und sorgt so für eine noch raschere Trocknung. Damit die Holzbeige nicht nach vorn umkippt, sollten vorn zwei Latten kreuzweise und zwei Latten waagerecht angenagelt werden. Am besten steht ein offener Holzstapel an einer Südwand, keinesfalls soll er an der Nordwand des Gebäudes stehen. Eine alle physikalische Gesichtspunkte berücksichtigende, patentierte Brennholz-Lagerhütte,

in der das Holz auf ideale Weise trocknet und zugleich vor Diebstahl geschützt ist, zeigt Abb. 29.

Neben diesen optimalen Lagerformen gibt es noch eine Reihe befriedigender Holzlagermöglichkeiten:

• *Die Kreuzbeige*: Besonders gut können so 1 m lange Spaltstücke gelagert werden. Auf zwei Unterlagen kommen zwei Querlagen. Darüber werden die Spaltstücke dicht in einer Lage quer gelegt. Darauf die nächste dichte Querlage. nur oben wird die Beige (z.B. mit Wellbitumen) abgedeckt. Diese Kreuzbeigen stehen zwar ziemlich zuverlässig, aber es schadet nicht, wenn Sie an den Seiten eine Stütze sicherheitshalber einschlagen.

• *Die Finne*: Eine kreisrunde Fläche im Hof wird mit Steinen belegt, damit der darauf aufzubauende Holzstapel nicht

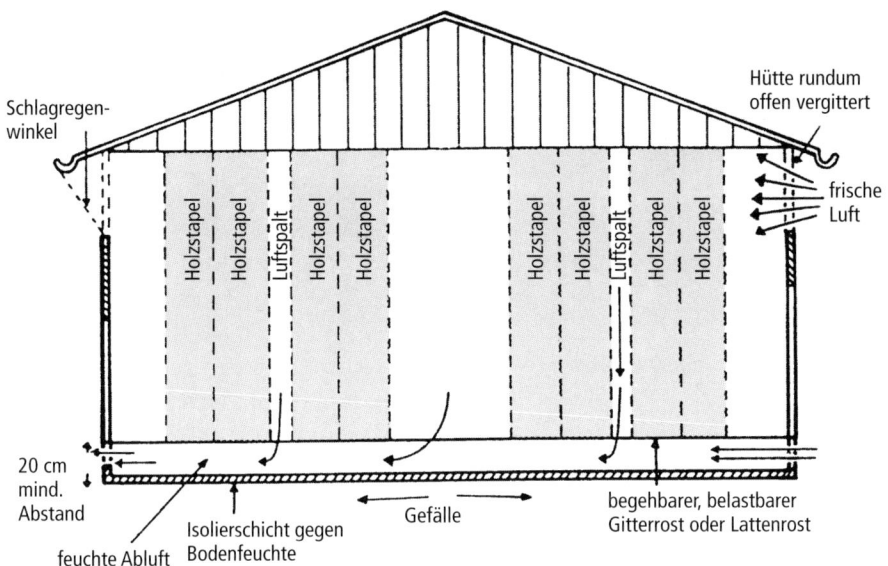

Schlagregen-winkel

Hütte rundum
offen vergittert

Holzstapel | Holzstapel | Luftspalt | Holzstapel | Holzstapel | Holzstapel | Holzstapel | Luftspalt | Holzstapel | Holzstapel

frische
Luft

20 cm mind.
Abstand

feuchte Abluft

Isolierschicht gegen
Bodenfeuchte

Gefälle

begehbarer, belastbarer
Gitterrost oder Lattenrost

29 Die ideale Brennholz-Hütte.

direkt auf der Erde aufliegt. Nun wird eine runde Holzbeige kunstvoll gesetzt. Dabei sehen die dickeren Teile der Holzstücke stets nach außen. In den in der Mitte entstehenden hohlen Turm wird das gespaltene Holz locker geworfen. Oben – jedoch nicht seitlich! – wird die Finne gegen Regen abgedeckt.

Bei der Finne für Arbeitsscheue befindet sich außen keine Halt schaffende kunstvolle Holzbeige, sondern ein stabiler Maschendraht, der das locker eingeworfene Holz am Herausfallen hindert.

Lagerplatz für Brennholz

Beim Trocknen verliert das Brennholz geringfügig an Volumen (bis zu 10%), vor allem aber an Gewicht (bis zu 40%).

Wer mit Holz heizen will, muß einen Lagerplatz schaffen, auf dem mindestens der 1,5-fache Jahresbedarf an Holz Platz

findet. Nur dann kann er stets ausreichend trockenes Holz verfügbar haben. Für den Ersatz von 1000 l Heizöl sind 5 Raummeter (= Kubikmeter) Laubholz notwendig. Das 1,5-fache dieses Volumens sind 7,5 Raummeter. Also ist für den Ersatz von 1000 l Heizöl ein Holz-Lagervolumen von mindestens 8 Kubikmetern notwendig.

Weil laut Bundesimmissionsschutzverordnung Scheitholz wenigstens ein Jahr lang getrocknet sein muss, sind ausreichende Lagerräume notwendig. In manchen Ländern dürfen sehr große Mengen an Brennholz nur in speziellen Brennstofflagerräumen aufbewahrt werden. Beispielsweise gilt dies in Baden-Württemberg für mehr als 15 Tonnen Brennholz (das entspricht rund 35 Raummetern). Solche Lagerräume müssen bestimmte Regeln in der Bauweise einhalten.

30 Die Kreuzbeige gibt dem Brennholzstapel sicheren Halt.

31 Brennholz-Finne.

Der Heizwert von Holz

Im Holz sind folgende chemische Elemente enthalten:

- Kohlenstoff mit etwa 50%,
- Sauerstoff mit etwa 43%,
- Wasserstoff mit etwa 6%,
- kleine Mengen von Stickstoff und nicht brennbaren Materialien.

Holz enthält fast keinen Schwefel, deshalb entsteht beim Verbrennen von Holz auch nahezu kein giftiges und die Umwelt belastendes Schwefeldioxid. Die genannten chemischen Elemente bilden folgende Holzinhaltsstoffe:

- Cellulose (rund 45% der trockenen Holzsubstanz) mit 4,8 kWh/kg Heizwert,
- Lignin (25 bis 30% der Holzsubstanz) mit 7,5 kWh/kg Heizwert,
- celluloseähnliche Polysaccharide wie Polyosen, Hemicellulosen (zusammen 25% der Holzsubstanz) mit 4,5 kWh/kg Heizwert,
- Harze, Wachse, Fette, Öle oder ähnliches (bis 5% der Holzsubstanz) mit bis zu 10 kWh/kg Heizwert.

Der Heizwert des Holzes ist deshalb um so größer, je mehr Harze und Lignin das Holzstück enthält. Da Nadelbäume mehr Harze und Lignin als Laubbäume enthalten, besitzen die Nadelbäume mit durchschnittlich 4,4 kWh/kg einen höheren Heizwert als die Laubbäume mit durchschnittlich 4,2 kWh/kg Holz.

Aufgrund der höheren Dichte der Laubbäume ist der Heizwert je Raummeter Derbholz bei den Laubbäumen mit 2.100 kWh/rm deutlich höher als bei den Nadelbäumen mit durchschnittlich 1.600 kWh/rm. Die Spanne zwischen den einzelnen Baumarten ist bei den Laubbäumen besonders groß. Beispielsweise liegen Pappel, Erle und Weide im Heizwert je rm an der unteren Grenze, verglichen mit der Nadelbaumskala. Die vom Flächengewicht in Deutschland weit über-

42

Holzart	Heizwert von Derbholz		Holzart	Heizwert von Derbholz	
	kWh/rm	kWh/kg		kWh/rm	kWh/kg
Weißbuche	2.200	4,2	Weide	1.400	4,1
Rotbuche	2.100	4,2	Pappel	1.400	4,2
Eiche	2.100	4,2	Laubbäume im Mittel	**2.100**	**4,2**
Esche	2.100	4,2	Douglasie	1.700	4,4
Robinie	2.100	4,1	Kiefer	1.700	4,4
Birke	1.900	4,3	Lärche	1.700	4,4
Ulme	1.900	4,1	Fichte	1.600	4,4
Ahorn	1.900	4,1	Tanne	1.500	4,4
Erle	1.500	4,1	Nadelbäume im Mittel	**1.600**	**4,4**
			Brennholz im Mittel	**1.800**	**4,3**

Tabelle 2: Heizwert von lufttrockenem Derbholz in kWh/rm (gerundet auf 100 kWh/rm) bzw. in kWh/kg für verschiedene Holzarten (Feuchte: 15 bis 18% v. Darrgewicht).

32 Abhängigkeit des unteren Heizwertes von der Holzfeuchtigkeit, bezogen auf das Darrgewicht und auf das Naßgewicht.

Tabelle 3: Heizwerte je Kubikmeter Lagervolumen von lufttrockenem Holz (gerundet auf 100 kWh).

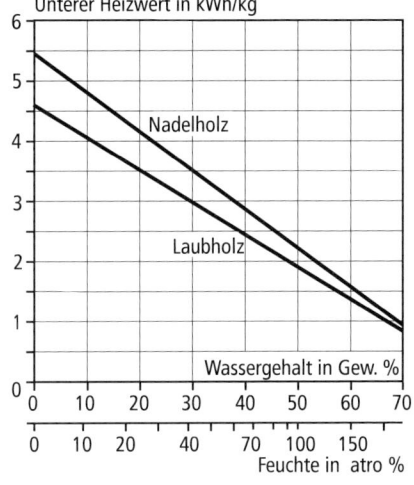

Heizwert je m³ Lagervolumen Stückgröße	Laubholz (Buche/Eiche) kWh/rm	Nadelholz kWh/rm
Holzscheite und Rollen mit über 14 cm ø	2.200	1.700
Holzprügel und Rollen mit 7 – 10 cm ø	1.800	1.400
Reisigprügel (4 – 7 cm ø gebündelt)	1.300	1.100
kurzgesägtes, gespaltenes Holz ungeordnet (Sackholz)	1.200	1.000
Holz-Hackschnitzel	1.000	800

43

wiegenden Laubbäume besitzen jedoch deutlich höhere Heizwerte als das Nadelholz.

Die Heizwerte variieren nicht nur von Baumart zu Baumart, sondern auch innerhalb der Baumart von Baum zu Baum erheblich. Die angegebenen Werte sind mittlere Werte für ein durch die Natur recht verschieden gewordenes Gut. Auch die Größe der Holzstücke beeinflußt den Heizwert je Volumeneinheit (vgl. Tab. 3).

Die Vorliebe für Laubholz als Brennholz liegt zum einen sicher in dem höheren Heizwert je Volumeneinheit. Daneben spielen aber vermutlich auch die für die Holzverbrennung nur wenig geeigneten Kohleöfen eine Rolle, die derzeit noch vorwiegend in Betrieb sind. In solchen Öfen verbrennt im Teillastbereich offenbar Nadelholz schlechter als Laubholz.

Die nutzbare Heizwärme des Holzes hängt in ganz bedeutenden Maße ab von:

• dem Wassergehalt des Holzes,
• der technischen Eignung des Ofens für die Holzverbrennung.

Hackschnitzel

Vor allem für automatische Holzheizanlagen und für Vorofenfeuerungen werden möglichst einheitlich kleingehackte Holzstücke gebraucht, die Holzhackschnitzel. Während im normalen Holzofen die Hackschnitzel nicht kleiner als 6 cm sein sollen, weil sie sonst zu dicht gepackt liegen, sind für automatische Holzheizanlagen Schnitzelgrößen von 2 bis 3 cm besser, weil diese von den Transportschnecken zuverlässiger bewegt werden, eine geringe Rückbrandgefahr darstellen und im Vorofen optimal vergasen. In allen Fällen sollen aber die Hackschnitzel in einem engen Raum einheitlich groß sein, weil nur so eine optimale Feuerqualität erzielbar ist. Je ungleichmäßiger die Hackschnitzel sind, um so schwieriger ist eine vernünftige Steuerung der Verbrennung.

Nicht überall können Hackschnitzel gekauft werden, denn die Hacker sind relativ teure Maschinen und wirtschaftlich erst dann einsetzbar, wenn eine ausreichend große Hackschnitzelnachfrage vorhanden ist.

Der Kauf der Hackschnitzel erfolgt am besten nach dem absoluten Trockengewicht. Dazu werden mehrere gleichmäßig verteilte Proben aus dem Hackschnitzelberg gezogen und gewogen (G_u). Nach dem Trocknen dieser Proben im Backofen bei 105°C über mindestens zwölf Stunden werden diese Proben erneut gewogen und damit das absolute Trockengewicht G_o festgestellt.

Das Trockengewicht des gesamten Hackschnitzelberges beträgt dann

Gesamt-Trockengewicht = Gewicht des Hackschnitzelberges · G_o/G_u

Beispiel:
Hackschnitzel-Lieferung 7 t
Gewicht der Probe vor der Trocknung (G_u) = 800 g
Gewicht der Probe nach der Trocknung (G_o) = 580 g
Trockengewicht der Lieferung:
7 t · 580/800 = 7 t · 0,725 = 5,075 t

33 Ein Hackschnitzelhacker bei der Arbeit.
    Photos: CMA, Centrale Marketinggesellschaft der
    deutschen Agrarwirtschaft, Bonn

34 Hackschnitzel.

Die Schnitzel sollen möglichst wenig biologisch aktive Laub- und Nadelbestandteile enthalten, weil diese die Gärung und Selbsterhitzung verstärken. Auch Verunreinigungen durch Erde sind nachteilig, weil sie zu bezahltem Gewicht ohne Heizwert führen und Heizungsstörungen sowie Schlackenbildung hervorrufen können.

Ein Problem ist die Trocknung der Hackschnitzel. Nicht ausreichend trockene Schnitzel erwärmen sich stark, weshalb bei Kontakt mit leicht entzündlichen Stoffen wie Heu, Stroh, etc. das Risiko

Brennstoffart (Holz lufttrocken)	Menge / Einheit	Preis inkl. MWSt. (2000) €	Heizwert kWh	angenomm. feuerungstechn. Wirkungsgrad	nutzbarer Heizwert kWh	Preis je 1.000 kWh € /MWh
Laubderbholz ab Waldweg	1 rm	40,00	2070	80%	1656	24,10
– selbstaufbereitet	1 rm	10,00		80%		6,00
Nadelderbholz ab Waldweg	1 rm	30,00	1570	80%	1256	23,80
– selbstaufbereitet	1 rm	5,00		80%		4,00
Brennholz i.D. ab Waldweg	1 rm	35,00	1800	80%	1440	24,30
Brennholz lang ab Weg	1 m³ = fm	20,00	2600	80%	2080	9,60
Hackschnitzel frei Lager	sm³ = rm	17,00	900	85%	765	28,30
Holzpreßlinge	100 kg	20,00	510	90%	460	43,50
Heizöl leicht	1 l	0,30	10	90%	9	33,30
Erdgas H	1 m³	0,36	10	95%	9	40,00
Strom	1 kWh	0,09	1	100%	1	90,00
Kokskohle	50 kg	20,00	415	80%	332	60,20
Braunkohlebriketts	50 kg	14,00	280	75%	210	66,60

Tabelle 4: Nutzbare Heizwerte und Preisvergleich verschiedener Brennstoffe.

der Selbstentzündung gegeben ist. Die Lagertemperatur der Hackschnitzel beträgt normalerweise nicht mehr als 80°C. Für eine Selbstentzündung reicht diese Temperatur bei Holz nicht aus, da der Flammpunkt bei 230°C liegt. Damit auch bei einem größeren Anteil von Blättern keine Selbstentzündung auftritt, wird oft empfohlen, die Schütthöhe nicht über 7 m zu vergrößern. Bei einer manuellen Umschichtung der Schnitzelberge können die im Hackgut wachsenden Pilze (Sporen) für die damit Beschäftigten kritisch werden.

Die Schnitzel sollen auf einer trockenen Unterlage (z.B. Plane, Betonboden) unter einem seitlich offenen Dach zwischengelagert werden. Durch die Wärmeentwicklung bei der Gärung können die waldfrisch über 70% feuchten Hackschnitzel in zwei bis drei Monaten auf unter 35% getrocknet werden. In speziellen Schnitzellagerräumen (Silo, Bunker) befinden sich am Boden Luftkanäle (ähnlich den Dränagerohren). Über diese Kanäle kann erwärmte und damit trockene Luft (z.B. aus einem Getreidetrockner) durch das Hackgut geblasen werden. So lassen sich die Hackschnitzel schon in einer Woche auf 25% herunter trocknen. Die künstliche Hackschnitzeltrocknung benötigt allerdings mehr Energie, als bei der Verbrennung feuchter Schnitzel verloren geht. Deshalb ist sie normalerweise nicht sinnvoll. Optimal sind um 20 bis 25% liegende Feuchtewerte (bezogen auf das Darr- oder atro Gewicht). Im Feuchtigkeitsrahmen um 25 bis 45% (vom Darrgewicht) senkt eine um 10% höhere Holzfeuchte den Heizwert um 3 bis 5%. In modernen automatischen Heizanlagen können Holz-schnitzel mit hoher Feuchte (bis 150%) verbrannt werden. In handbeschickten Feuerungsanlagen dürfen in der Bundesrepublik nur lufttrockene Hackschnitzel verbrannt werden.

Das Hackschnitzelsilo soll so gebaut sein, daß es direkt mit dem Transportfahrzeug befüllt werden kann. Es muß aus feuerfestem Material in geschlossener Bauweise erstellt werden, damit keine Katastrophe eintritt, wenn ein solcher Schnitzelbunker einmal in Brand gerät.

Das Volumenmaß für Hackschnitzel ist der Schütt-Kubikmeter (sm³ oder m_s^3). Ein Festmeter Derbholz gibt rund 2,5 sm³ bis 2,8 sm³ Hackschnitzel, aus einem Raummeter Schichtholz werden etwas weniger als 2 sm³ Hackschnitzel. Die Heizwerte für Hackschnitzel schwanken zwischen 500 kWh/sm³ und 1.000 kWh/sm³. Im Mittel um 700 kWh/sm³.

Wenn stärkeres Holz gehackt wird, dann steckt die Heizleistung von 1.000 kWh bei einer Feuchte der Hackschnitzel von 25% in

- 1,0 m_s^3 Buchen/Eichen-Hackschnitzel,
- 1,2 m_s^3 Kiefern/Lärchen-Hackschnitzel,
- 1,3 m_s^3 Fichtenhackschnitzel.

1.000 l Heizöl entsprechen damit im Heizwert etwa 10 m_s^3 Buchen/Eichen- oder 13 m_s^3 Fichten-Hackschnitzeln. Als Regel kann von einem jährlichen Bedarf von 2 bis 3 m_s^3 Schnitzel je kW Nennheizleistung ausgegangen werden.

Werden jedoch die Hackschnitzel aus rindenreichem Reisig und schwachem Holz hergestellt, liegen die Heizwerte niedriger. Am niedrigsten sind sie, wenn Blätter und Nadeln mitgehackt wurden.

Dieses feine Material ist für kleine Öfen nicht geeignet und kann nur in technisch raffinierten größeren Anlagen ordentlich verbrannt werden. Oft ist es sinnvoll das feine Grüngut auszusieben und zu kompostieren.

Lieferanten für Hackschnitzel finden sich heute in der Nähe jedes größeren Waldgebietes. Adressen ortsnaher Anbieter können Sie meistens über die Forstämter erfahren. Manche Sägewerke verkaufen aus den Resten von verarbeitetem Waldholz hergestellte Schnitzel. Wer waldfrische Schnitzel kauft, muß entweder eine Anlage betreiben, welche diese noch sehr feuchten Hackschnitzel gut verbrennen kann oder eine für die Trocknung geeignete Lagermöglichkeit besitzen. Für die Herstellung von Hackschnitzeln wird weniger als 0,8 % der im Holz enthaltenen Energie verbraucht. Die Technik der Häcksler ist sehr unterschiedlich. So gibt es langsam und schnell laufende Hackwerkzeuge, Schnecken-, Scheibenrad- und Trommelsysteme.

Die Kosten für Hackschnitzel schwanken stark je nach den Vorkosten für das zu hackende Material, nach der Lieferentfernung und der Auslastung des Schnitzelherstellers. Der untere Rahmen lag 1997 bei 25 DM, der obere bei 45 DM/m³.

Presslinge – künstliche Holzbrennstoffe

Künstliche Holzbrennstoffe sind unter hohem Druck gepreßte „Presslinge" aus Sägespänen, Sägemehl, Holzstücken und Rinde. Sie sind als „Pellets" oder Briketts im Handel und werden aus naturbelassenem Holzrohstoff gepreßt. Das im Holz enthaltenen Lignin besorgt bei dem hohen Druck den bindenden Zusammenhalt. Die Dichte ist hoch (1 bis 1,4 g/cm³). Trotzdem wiegt ein geschütteter Kubikmeter wegen der zwischen den Presslingen vorhandenen Luft nur rund 550 bis 650 kg. Weil die Presslinge (meist) wenig Feuchte (unter 12 %) enthalten, liegen ihre Heizwerte je kg höher als bei normalem Holz. Ein Kilogramm kommt auf einen Heizwert von 4,9 bis 5,4 kWh.

Derzeit (2000) kosten die Presslinge (frei Haus incl. Mwst.) noch um 150 bis 200 €/t. In Säcken abgepackt liegen die preise bei 3,50 € für den 15 kg schweren Sack. Für diesen Betrag werden sie mancherorts frei Haus geliefert. Der heutige Preis von 0,04 € je kWh kann bei einer größeren Nachfrage noch ein wenig sinken. Wichtig ist, daß für die Herstellung der Presslinge überwiegend Holz und nur zu einem geringen Teil Rinde eingesetzt wird. Je höher der Rindenanteil liegt, um so größer ist die Schlackenbildung in der Feuermulde. Die Größenklassen, in den Presslinge angeboten werden, nennt Tabelle 5.

Presslinge der Größen HP5 (und HP4) werden oft „Pellets" genannt. Gute Presslinge haben fast keinen Abrieb, weil sie unter sehr hohem Druck „verklebt" wurden. Ihre Oberfläche ist glatt und glänzend. Rauhe Oberflächen oder Risse deuten auf Abrieb hin. Der Staubanteil darf trotz des rauhen Transports in Schläuchen etc. maximal ein Hundertstel des Gewichts ausmachen.

Der für die Herstellung aus Sägemehl erforderliche energetische Aufwand beträgt etwa 3% der im Holzpreßling enthaltenen Energie. Die Pellets bieten mehrere Vorteile:

• Der Ofen kann automatisch versorgt und die Brennstoffzufuhr gut dosiert werden. Die für einen kalten Tag erforderliche Brennstoffmenge findet im Vorratsbehälter Platz.

• Die Verbrennungsgüte ist sehr hoch, weil die Pellets eine genormte Größe besitzen und sie jeweils nur in der erforderlichen Menge dem Brennraum zugeführt werden.

• Einkauf, Lagerung und Transport im Haus sind relativ sauber und problemlos. Es sind weder Säge- noch Spaltarbeiten notwendig.

Größenklassen von Holzpresslinegen		
Größen-bezeichnung	Länge in cm	Durchmesser bzw. Breite/Höhe in cm
HP 1	über 30	über 10
HP 2	15 bis 30	6 bis 10
HP 3	10 bis 16	3 bis 7
HP 4	unter 10	1 bis 4
HP 5	unter 5	0,4 bis 1

Andere Brennstoff-Formen

Loses Sägemehl, Sägespäne, Schleifstaub oder Rinde darf nur in speziellen Anlagen verbrannt werden (über 15 kW Nennheizleistung). Diese unterliegen strengeren gesetzlichen Bestimmungen als kleinere Öfen. Gestrichenes, lackiertes oder beschichtetes Holz, Abfälle aus Sperrholz, Spanplatten oder Faserplatten dürfen nur in Betrieben der Holzbe- und -verarbeitung mit speziellen Auflagen und Grenzwerten verbrannt werden. Mit Holzschutzmitteln behandeltes Holz darf nicht verfeuert werden! Zu den Holzschutzmitteln zählen alle Stoffe mit biozider Wirkung gegen holzzerstörende Insekten oder gegen Pilze, ferner Stoffe, welche die Entflammbarkeit von Holz erschweren.

Mit ligninfreien Holzlamellen kann jeder heizen, indem er Papier verwendet. Ein 10 cm hoher dicht gepackter Stoß alter Zeitungen, einmal gefaltet, brennt auf einer ausreichenden Holzglut wie ein Braunkohlenbrikett als Dauerglüher und kann die Glut zwischen drei und fünf Stunden halten.

Tabelle 5:
Größenklassen von Holzpresslingen.

Prinzipien der Holzverbrennung

Der Aufbau des Holzfeuers

Zum Anfeuern brauchen Sie

- locker zerknülltes Papier mit Hohlräumen,
- schmal gespaltene Holzspäne (die „Spächele") oder Reisig und
- normale Holzscheite.

Für Durchbrandöfen und offene Kamine gibt es nichts Besseres als das, was Winnetou und Rulaman auch schon taten. Obgleich diese beiden durch 10.000 Jahre und 25.000 Kilometer getrennt waren, entzündeten sie ihr Lagerfeuer auf gleiche Weise: Sie errichteten einen Zeltstapel. In die Mitte des „Zeltes" kommt das sich am leichtesten entzündende Material – heutzutage zusammengeknülltes Zeitungspapier. Über diesen Papierkern werden die fein gespaltenen Anfeuerspäne (oder Reisig) gelegt. Wer mit dem fein gespaltenen Holz zu sparsam umgeht oder wer zu grobes Holz verwendet, dessen Feuer brennt nicht, weshalb dann die Übung so lange wiederholt werden muß, bis die falsche „Sparsamkeit" überwunden ist. Über das Spanholz-Zelt wird das Holzscheit-Zelt aufgebaut.

Beim gut gebauten Anfeuerzeltstapel genügt ein Streichholz, um die Energielawine auszulösen: Mit dem Streichholz wird das Papier entfacht, dessen Verbrennungswärme entzündet die Anfeuerspäne, und diese entzünden die normalen Holzscheite. Beim Unterbrandofen müssen ganz unten zwei oder drei Holzscheite liegen, darüber die Späne und auf

diesen beziehungsweise dahinter das Papier. Mit Kohleanzündern aus dem Haushaltsgeschäft können bei diesen Öfen die Holzscheite einfacher in Brand gesetzt werden.

Manchmal zieht zunächst der Schornstein nicht. Die kalte Luft steckt, einem Pfropfen vergleichbar, in Rauchrohr und Schornstein. Den Kaltluftpfropfen schießen Sie aus dem Kamin, indem Sie etwa zehn Zeitungsseiten zusammenknüllen, entzünden und unter den Rauchgasabzug halten. Wenn die Flammen dieses Papierbrandes auflodern und in den Rauchabzug hineingezogen werden, ist der Kaltluftpfropfen ausgetrieben.

Weil eine höhere Sauerstoffdichte die notwendige Zündtemperatur verringert, kann ein träges Feuer durch Anblasen aufgemuntert werden. Allerdings sollte diese „künstliche Beatmung" bei richtiger Technik nicht notwendig sein.

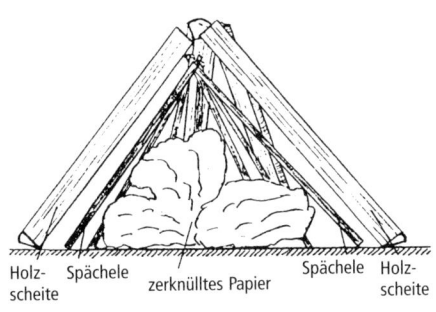

Holz-   Spächele   Spächele   Holzscheite   zerknülltes Papier   scheite

35 Im Zeltstapel zündet das Holz zuverlässig.

49

Brennbare und nichtbrennbare Holzbestandteile				
Stoffeigenschaft	Stoffart	Aggregatzustand bei der Verbrennung	Gewichtsanteil in %	Elementbestandteile in Gewichts-%
brennbare Bestandtteile	Holzkohle Kohlenwasserstoffe	fest gasförmig	14% 67%	43% Kohlenstoff 5% Wasserstoff 33% Sauerstoff
nicht brennbare Bestandteile	Wasser (als Dampf) Asche	gasförmig fest	18% unter 1%	2% Wasserstoff 16% Sauerstoff 1% Mineralien

Tabelle 6: Holz-Energiebestandteile und deren Eigenschaften.

Entzünden von Holz

Je größer die Oberfläche eines Holzstückes im Verhältnis zu seinem Volumen ist, um so größer ist seine Zündbereitschaft. Deshalb eignen sich kleingespaltene Anfeuerspäne oder Reisigholz besonders gut zum Anheizen. Die dünnen Streichhölzer entflammen noch leichter als die Holzspäne. Feinstverteilter Holzstaub kann sich in einer sauerstoffreichten Umgebung sogar explosionsartig entzünden. Weil Fichtenholz eine niedrige Holzdichte besitzt und kaum anorganische Mineralstoffe enthält, entzündet es sich besonders leicht. Holz, welches dichter ist und mehr Mineralstoffe enthält, wie Eichen-Kernholz, entzündet sich langsamer. Der Grund liegt vermutlich darin, daß bei dichten und mineralstoffreichen Hölzern die Wärmeleitfähigkeit höher ist, wodurch der Wärmestau an der mit der Zündflamme in Kontakt kommenden Oberfläche verkleinert wird. Die Holzoberfläche eines dichten und mineralstoffreichen Holzes erreicht deshalb die notwendige Entzündungstemperatur nicht ganz so schnell. Die mittlere Wärmeleitzahl in Richtung der Holzfaser ist mit 0.27 W/mK doppelt so hoch wie quer zur Holzfaser mit 0,14 W/mK.

Dank der niedrigen spezifischen Wärme von lufttrockenem Holz (0,5 bis 0,7 Wh/kg) genügt eine bescheidene Wärmezufuhr, damit die Entzündungstemperatur von etwa 230°C überschritten wird. Die Zündtemperatur von Holz liegt nur halb so hoch, wie die von Eierbriketts, welche erst bei 500°C zünden.

Die verschiedenen Holzinhaltsstoffe haben nicht nur unterschiedliche Heizwerte, sondern auch verschiedene Brenneigenschaften. So entzünden sich Lignine schwerer als Zellulosen und Zellulosen schwerer als Hemizellulosen.

Holzverbrennung

Holz ist zwar ein fester Brennstoff, aber wenn Holz verbrennt, dann tut es dies vorwiegend als Holzgas. Weil rund 83% (Gewicht) der brennbaren Holzsubstanz als Gas verbrennen, gilt das Holz neben Stroh als der gasreichste Brennstoff unter den Heizmaterialien. Diese 83% der als Gas verbrennenden Holzsubstanz erzeugen knapp 70% des Holzheizwertes.

	Anteil an der Trockenmasse	Beginn des Zerfalls bei	Zwischenprodukte beim Zerfall unter anderem	Höchste Zerfallsge-schwindigkeit bei
Holzpolyosen, Hemizellulose	20%	150°C		230 – 270°C
Zellulose	50%	170 – 270°C	Lävoglukosan,Holzessig, Aceton, Phenole	330 – 370°C
Lignin	26%	200 – 280°C	Methanol, Holzessig, Aceton, Ameisensäure	über 375°C
Öle, Harze, Fette	4%		sehr inhomogene Gruppe	

Tabelle 7: Reaktion der Holzbestandteile beim Verbrennen.

Beim Koks verbrennen weniger als 10% der brennbaren Substanz gasförmig. Dieser Unterschied ist verantwortlich dafür, daß ein guter Holzofen andere technische Eigenheiten besitzen muß als ein Kohleofen. Die langen Flammen des offenen Holzfeuers mit seiner wärmeausstrahlenden Farbe wären ohne das Holzgas nicht vorhanden.

Weil Holz vorwiegend in einer großen Holz-Gasflamme verbrennt, braucht es zur guten Verbrennung einen großen Brennraum. Außerdem muß der Gasflammzone eine zusätzliche (sauerstoffreiche) erhitzte Frischluft zugeführt werden. Diese vorerwärmte „Sekundärluft" ist notwendig, damit das vorhandene energiereiche Holzgas möglichst vollständig ausbrennt.

Holz ist ein naturgewachsener, nicht genormter Stoff. Deshalb lassen sich die Entwicklungsstufen eines Holzfeuers nicht in einen ganz exakten Rahmen stellen. Die schon von Holzstück zu Holzstück verschiedenen Stoffzusammensetzungen und Brennfaktoren führen zu unübersichtlichen Mischvorgängen. Zusätzlich treten in einem brennenden Holzstück die einzelnen Brandstufen zeitwei-

lig gemeinsam auf, da die Temperaturerhöhung und die Brennvorgänge allmählich von der Außenseite nach innen vordringen.

Stufen der Holzverbrennung

Trocknen der Restfeuchte. Auch im lufttrockenen Holz ist noch eine Restfeuchtigkeit zwischen 15 und 20% des Gewichtes vorhanden. Diese Restfeuchtigkeit wird bei Temperaturen um 100°C aus dem Holz ausgetrieben.

Beginnende Zersetzung. Ungefähr gleichzeitig beginnen einzelne, im Holz enthaltene Stoffe, flüssig zu werden; ihre Moleküle fangen an, sich aufzuspalten und zu verdampfen. Allerdings entweichen die sich bildenden Gase zwischen 100 und 200°C noch sehr langsam.

Holzgas entsteht. Die zunächst entstehenden Holzgase entzünden sich an der Flamme des Anzündpapiers, aber sie würden noch nicht selbständig weiterbrennen, wenn die Zündflamme weggenommen würde. Bis zu diesem – bei etwa

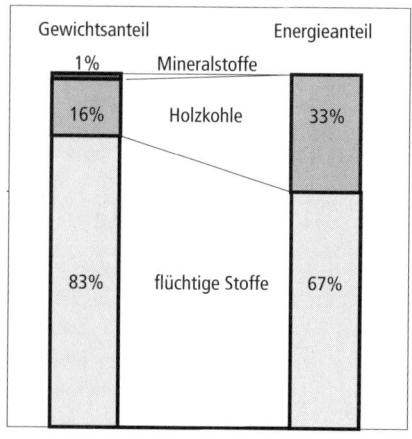

Gewichtsanteil		Energieanteil
1%	Mineralstoffe	
16%	Holzkohle	33%
83%	flüchtige Stoffe	67%

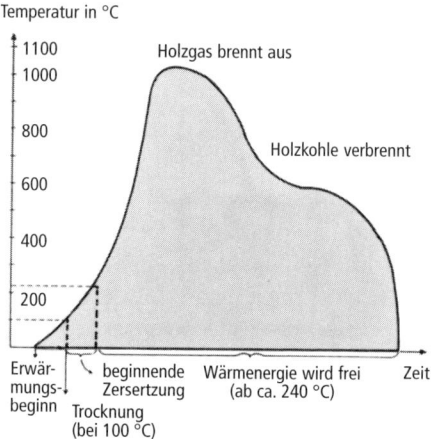

36 Gewichts- und Energieanteil der festen und flüchtigen Stoffe im Holz Quelle [2], (verändert durch Verfasser).

37 Der Brandverlauf eines Holzfeuers.

225°C liegenden – Reaktionspunkt muß dem Holz Wärmeenergie zugefügt werden, damit der Verbrennungsvorgang weiterläuft. Bis hierher findet also eine endotherme Reaktion statt.

Wärmeenergie wird frei. Ab 260°C tritt ein deutlicher Wärmeüberschuß bei der stattfindenden Umwandlung (Pyrolyse) im Holzfeuer auf. Die Reaktion ist jetzt exotherm. Wegen des Sauerstoffmangels in der Nähe des sich rasch zersetzenden Holzstückes entflammen die Holzgase oft erst ein gutes Stück vom Holzscheit entfernt, wenn sie sich genügend mit Luftsauerstoff vermischt haben. Die Flammentemperatur, bei der das vollständig in seine reaktionsfähigen Bestandteile Kohlenstoff und Wasserstoff zersetzte Holzgas oxidiert, liegt bei 1000°C.

Nur wenn das Holzgas bei hoher Temperatur ausreichend mit Sauerstoff vermischt ausbrennen kann, wird die im Holz enthaltene Heizenergie auch ausgenutzt. Zugleich werden dann keine unvollständig aufgespalteten Kohlen-Wasserstoff (Sauerstoff-) Verbindungen durch den Schornstein in den unschuldigen Himmel transportiert. Bei vollständigem Ausbrennen der Holzgase entsteht Kohlendioxid CO_2 und Wasser H_2O – beides natürliche, die Umwelt nicht belastende Stoffe.

Die Holzkohle verbrennt. Durch die Hitze wurden die Wasserstoff enthaltenden Bestandteile aus den Kohlenwasserstoffverbindungen des Holzes abgespalten und als Gas verbrannt. Wegen des rasch entweichenden Holzgases konnte nicht genügend Sauerstoff an die Oberfläche des Holzstückes gelangen, weshalb sich dieses zunehmend in Holzkohle verwandelt hat. Sobald das Holz entgast ist,

38 Brandzonen in einem aufgeschnittenen angebrannten Holzstück.

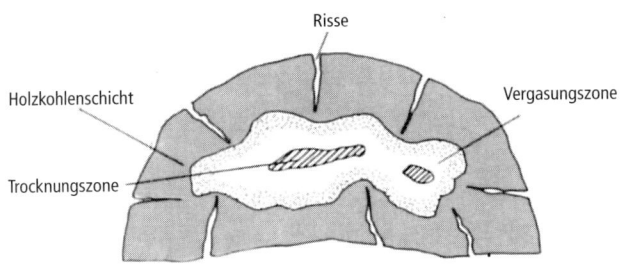

Holzkohlenschicht

Risse

Vergasungszone

Trocknungszone

kann diese Holzkohle bei einer Temperatur von 500 bis 800°C verglühen. Reine Holzkohle verbrennt praktisch ohne Flamme, weshalb Holzkohle für Kaminfeuer nicht geeignet ist.

Wird ein brennendes, dickes, außen schon verkohltes Holzstück quer durchgeschnitten, dann findet man folgende Zersetzungszonen (Abb. 38):

- Außen hat sich schon Holzkohle gebildet. Diese Schicht ist teils wegen des Masseschwundes aufgerissen, teils durch das sich Platz schaffende Holzgas aufgesprengt.
- Darunter befindet sich ein schmaler Bereich, in dem sich das Holz gerade thermisch zersetzt. Hier läuft die Holzvergasung auf vollen Touren.
- Im Kern des Holzstückes kann noch eine unverbrannte Zone gesunden Holzes vorhanden sein, wenn dort die Zersetzungstemperatur von 100°C bis 150°C noch nicht erreicht wurde.

Das Holz klein zu spalten kostet zwar mehr Arbeit, aber weil bei kleinen Holzstücken die Verbrennung über das Holzstück einheitlicher abläuft, führen kleine Stücke zu einer besseren Verbrennungsqualität und erleichtern die Feuerregelung.

Holzfeuer brauchen zweimal Luft

80% der Verbrennungsluft soll als Erstluft dem Holzfeuer zugeführt werden. Diese „Primärluft" sorgt für die Zersetzung der Holzbestandteile und die Holzgasbildung, außerdem ist sie für den Holzkohleabbrand notwendig.

20% Verbrennungsluft sollen als Zweitluft in den Gasbereich der Holzgasflammen gebracht werden. Diese „Sekundärluft" sorgt für den vollständigen Ausbrand des Holzgases. Damit durch die Zweitluftzufuhr die Holzgasflammen nicht abgekühlt werden, weil sie dann nicht vollständig ausbrennen, muß diese Zweitluft möglichst hoch erhitzt den Holzgasflammen zugeführt werden.

Die Durchmischung der Sekundärluft mit den sehr heißen Holzgasen stellt eines der technischen Probleme beim Bau von Öfen dar. Heiße Gase vermischen sich aus physikalischen Gründen nur sehr schlecht. Durch Wirbelstrecken oder enge Düsen wird die Vermischung in guten Öfen verbessert. Nach der Sauerstoffanreicherung sollte das Holzgas zunächst vollends ausbrennen können (es sollte mindestens eine Sekunde Ausbrennzeit haben), bevor es an die Wärmetauscher gelangt.

53

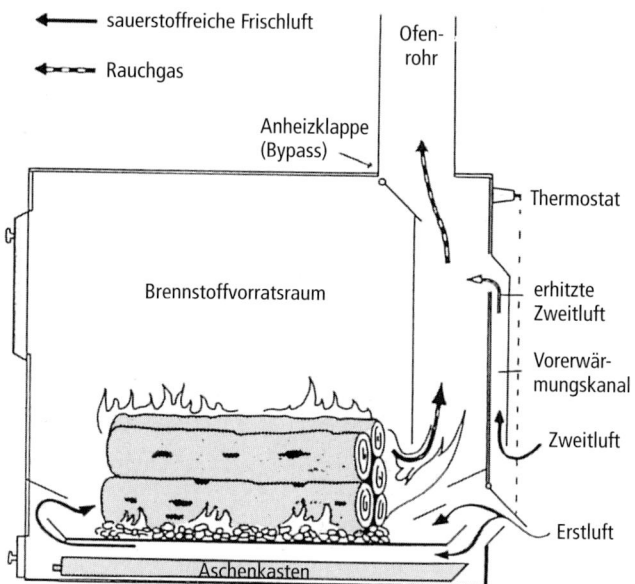

sauerstoffreiche Frischluft

Rauchgas

Ofen-rohr

Anheizklappe
(Bypass)

Thermostat

Brennstoffvorratsraum

erhitzte
Zweitluft

Vorerwär-mungskanal

Zweitluft

Erstluft

Aschenkasten

39
Ein einfacher
Stubenofen für Holz.

Eine ideale Gasdurchmischung von sau-erstoffreicher Luft und Holzgasen wird nicht erreicht. Deshalb muß mehr sauer-stoffhaltige Luft zugeführt werden, als rechnerisch zur vollständigen Verbren-nung notwendig wäre. Dieser „Luftüber-schuß" sollte erfahrungsgemäß bei dem 1,7 fachen liegen.

In einigen Öfen wird die primäre Luft-zufuhr über einen Thermostat gesteuert, der die Temperatur der abziehenden Rauchgase mißt und je nachdem die Luft-klappe mehr oder weniger weit öffnet. Beachten Sie bitte: Durch Unterbrechen der Luftzufuhr wird die Zersetzung des Holzes beim bisher üblichen Durch-brandofen nicht abgestoppt, sondern im Tempo nur etwas verringert, aber der Wirkungsgrad wird ganz erheblich ver-schlechtert.
Deshalb soll die Wärmeleistung nicht durch eine Verringerung der Frischluft-

zufuhr oder durch die Drosselung des Schornsteinzuges gesenkt werden, weil das Holzgas nicht mehr vollständig aus-brennen kann. Besser ist es, die Wärme-leistung durch eine sparsame Brennstoff-zufuhr zu regeln, indem mäßig, aber re-gelmäßig nachgelegt wird.

Nicht nur zu wenig Luft bringt Nach-teile, zu viel Luft ist ebenso ungünstig. 10 kg lufttrockenes Holz braucht zwi-schen 30 bis 40 m^3 Luft zum Verbren-nen. Wenn zuviel Luft zugeführt wird, muß dieses „Zuviel" auch erwärmt wer-den und trägt Energie in Form heißer Luft durch den Schornstein nutzlos davon. Bei rund 200°C heißen Rauchgasen bedeu-tet jeder unnötig zugeführte und erwärm-te Kubikmeter Luft einen Wärmeverlust von etwa 70 Wh.

Für den Betrieb von Öfen in den gut isolierten und abgedichteten Räumen moderner Wohnungen müssen spezielle

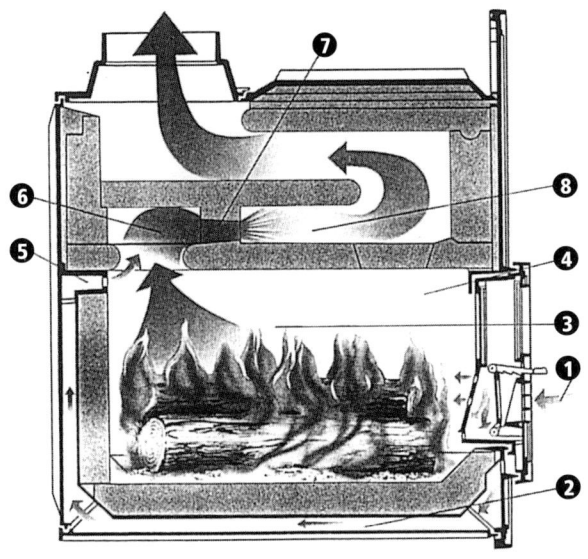

40 Kachelofen-Heizeinsatz mit Mischkammer und Mischdüse (11 kW). Quelle: LEDA-Werk GmbH, Groninger Str. 10, 26789 Leer

Legende
1 Hauptluft
2 Sekundärluftkammer
3 Hauptverbrennungs-
  kammer
4 Entgasungskammer
5 Sekundärluftdüse
6 Mischkammer
7 Mischdüse
8 Nachverbrennungs-
  kammer

Zuluftkanäle vorhanden sein. Diese Frischluft sollte, bevor sie in den warmen Wohnraum strömt, an Wärmeaustauschflächen des Ofens vorbeiziehen, damit sie als warme Frischluft in den Raum gelangt; dies erhöht den Wohnkomfort. Deshalb sollte am Kachelofen ein entsprechender Frischlufterwärmungskanal vorgesehen werden.

Ein geschlossener Luftkreislauf ist für Holzöfen nicht möglich, sowenig wie für Gas- oder Ölbrenner. Die nach der Verbrennung in der Brennkammer an Sauerstoff arme Luft muss über den Schornstein in das Freie gelassen werden. Dafür muss frische, sauerstoffreiche Luft der Verbrennung im Ofen zugeführt werden. Vor dem Ofen darf kein Unterdruck entstehen, damit die Brenngase in den Schornstein ziehen und nicht aus dem Ofen in den Heizraum gelangen.

Am einfachsten erfolgt die Zufuhr der frischen Luft über ein (teilweise) offenes Fenster im Heizraum. Raffinierter ist ein offener Kanal (Rohr), durch den von außen die Frischluft einströmen kann. Dieser Kanal soll von außen zum Ofen hin leicht ansteigend geführt werden.

Der Schornstein

Schornsteine müssen aus nicht brennbarem Baustoff mit hohem Wärmedurchlaßwiderstand hergestellt sein. Der Schornstein muß für eine Festbrennstofffeuerung mindestens 5 m hoch sein und er muß – auch unverputzt – vollständig dicht sein.

Ein stärkerer Schornsteinzug ist besser als ein schwächerer, weil Drosseln des Schornsteinzuges leicht möglich, eine Zugverstärkung dagegen technisch auf-

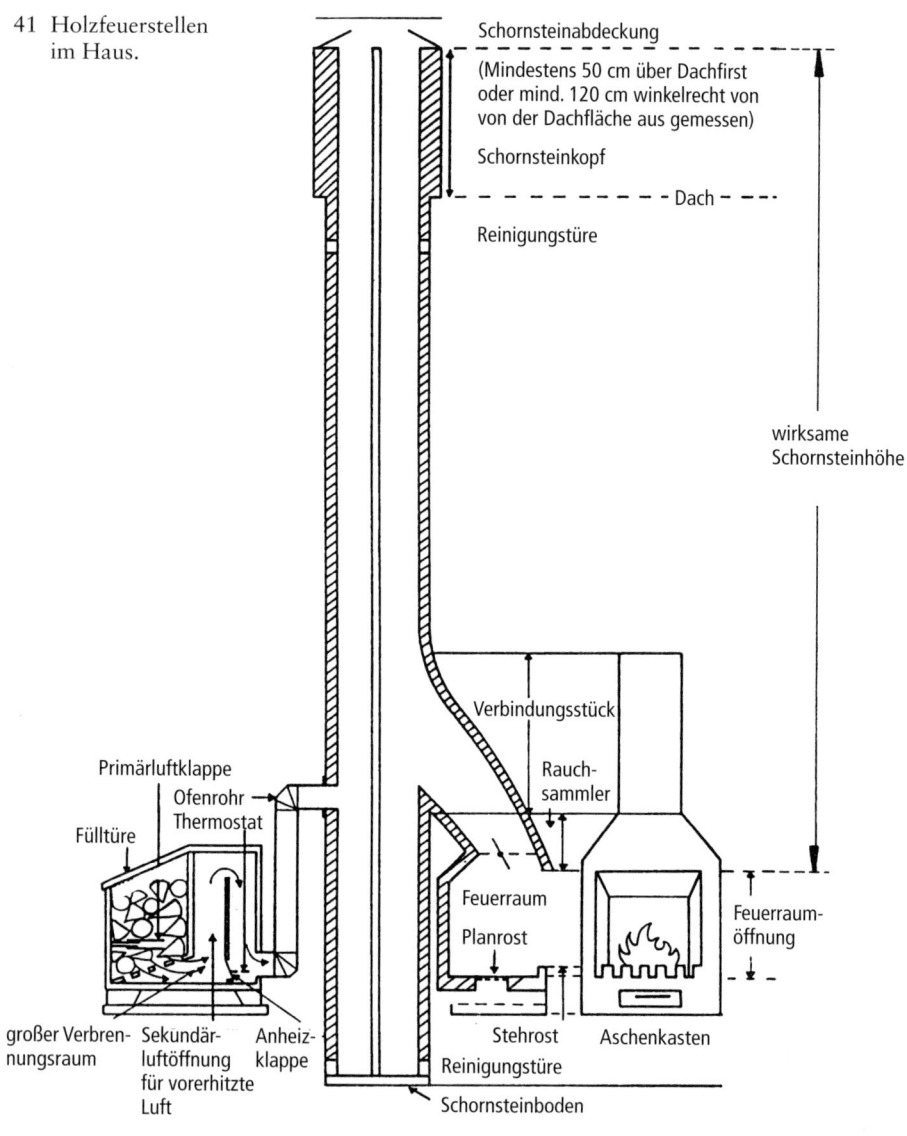

41 Holzfeuerstellen im Haus.

Schornsteinabdeckung
(Mindestens 50 cm über Dachfirst oder mind. 120 cm winkelrecht von von der Dachfläche aus gemessen)

Schornsteinkopf

Reinigungstüre

Dach

wirksame Schornsteinhöhe

Verbindungsstück

Primärluftklappe
Ofenrohr
Thermostat
Fülltüre

Rauch-sammler

Feuerraum
Planrost

Feuerraum-öffnung

großer Verbren-nungsraum
Sekundär-luftöffnung für vorerhitzte Luft
Anheiz-klappe

Stehrost
Reinigungstüre
Schornsteinboden

Aschenkasten

wendig ist (zum Beispiel durch den Einbau eines Ventilators). Der Zug eines Schornsteins hängt von dessen Höhe (Höhendifferenz vom Feuerrost bis zur Schornsteinmündung) und dem Innenquerschnitt ab. Der ohne Gebläse schon vorhandene natürliche Rauchzug, der „Naturzug" muß festgelegte Mindestwerte erreichen. Der bei der Holzverbrennung entstehende Entgasungsdruck wirkt wie ein Rauchgasgebläse und verstärkt den Naturzug.

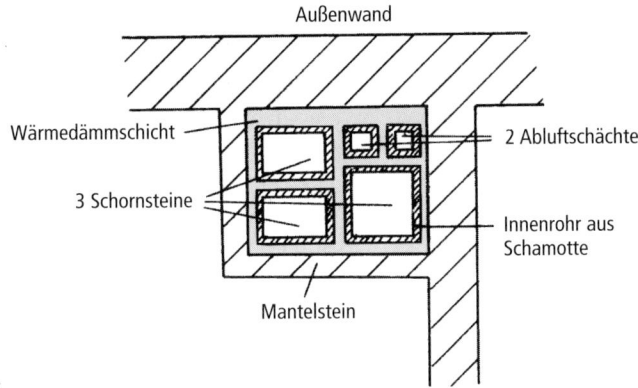

Außenwand

Wärmedämmschicht

3 Schornsteine

2 Abluftschächte

Innenrohr aus
Schamotte

Mantelstein

42 Schornsteinquerschnitt.

In dem Geschoß, in dem der Holzofen steht, muß er an dem Schornstein angeschlossen sein. Ein Ofenrohr über zwei Stockwerke ist nicht zulässig.

Ein zu starker Kaminzug oder eine zu kleine Brennkammer führen dazu, daß die Nachverbrennung in den Wärmetauschflächen oder im Schornstein stattfindet. Beides führt zu Energieverlusten.

Einige Länder verlangen generell einen zweiten Schornstein, wenn im Doppelbetrieb ein Holzofen neben einem Ölkessel angeschlossen werden soll. Andere Bundesländer gestatten den Doppelbetrieb, wenn durch die Technik garantiert ist, daß der Ölkessel stillsteht, wenn der Holzkessel brennt.

Die Steuerung erfolgt dann nach folgendem Regelkreis: Der Holzrauch wird über 100 °C heiß. Ein Thermostat, der dies registriert, schaltet den Strom für den Ölbrenner ab und schließt mit einer zeitlichen Verzögerung die Rauchgasklappe des Ölbrenners. Nur der Holzbrenner raucht dann noch durch den Schornstein. Wenn das Holzfeuer erlischt, wird die Blockade aufgehoben und bei weiterem

Wärmebedarf kann sich dann der Ölbrenner wieder einschalten.

Ist der Schornsteinquerschnitt so groß, daß die Rauchgase beider Feuerungsanlagen bei gleichzeitigem Vollastbetrieb abgeführt werden können, dann kann ein Parallelbetrieb der Holzheizung mit der Öl- oder Gasheizung ausnahmsweise genehmigt werden.

Ein eigener Schornstein ist erforderlich für offene Kamine, Kaminöfen und Anlagen über 20 kW Gesamtnennwärmeleistung.

Naturzug. Das Holzfeuer reguliert seinen Luftbedarf in weiten Grenzen selbständig. Wird weiteres Holz nachgelegt, entwickeln sich Holzgasflammen, diese stoßen durch ihre Ausdehnung den Luftstrom in den Rauchgaszügen und im Schornstein an. Außerdem beschleunigt die Erwärmung des Luftstromes den Rauchgasstrom. Umgekehrt verlangsamt sich der Rauchgasstrom, wenn das Holz entgast und die Rauchgaszüge wieder kühler sind.

Trotzdem muß die Luftklappe beim ausgebrannten Ofen geschlossen werden, da sonst der immer vorhandene schwache Naturzug die Ofenzüge auskühlt. Dies kann vor allem beim wärmespeichernden Kachelgrundofen zu erheblichen Verlusten führen.

Schornsteinbrand. Wenn mit einem bollernden, fauchenden oder röhrenden Feuer der Schornstein ausbrennt, dann sind daran Holzteerablagerungen schuld, die bei einem starken Ofenfeuer sich entzünden können. Was tun?

- Als erstes sind alle Luftklappen am Ofen zu schließen, damit dem Feuer die Frischluft abgestellt wird.
- Dann sind alle Hausteile um den Schornstein herum auf Schäden zu prüfen. War der Schornstein in einwandfreiem Zustand – hatte er also keine noch so kleinen Risse –, dann erstirbt

der Schornsteinbrand ohne Folgeschäden. Im anderen Fall muß schnellstens die Feuerwehr her. Im Zweifel ist es immer besser, die Feuerwehr zu rufen!

Weder die Hausratversicherung, noch die Gebäudeversicherer verlangen eine höhere Versicherungsprämie bei Holzheizungen, weil nämlich technisch einwandfreie und richtig betriebene Holzheizungen genauso sicher sind wie andere Heizmethoden.

Rußablagerung. Die nicht vollständig gecrackten Holzbestandteile können sich auf kalten Oberflächen als schwarzer Ruß niederschlagen. Der Vorgang ist vergleichbar mit dem Rußniederschlag auf einem kalten Teller, der über eine Kerzenflamme gehalten wird. Ruß ist ein Zeichen für eine unvollständige Verbrennung. Brennt sich der teerartige Holzruß ein, entsteht lackähnlich aussehender

Tabelle 8: Die wichtigsten Emissionen bei der Holzverbrennung. Quelle [2]

Emissionen bei der Holzverbrennung		
Stoff im Rauchgas	**Beschreibung/Ursache**	**Beurteilung**
Asche	feste, unbrennbare Rückstände	lästig
Kohlendioxid CO_2	natürliches Zerfalls-/Abbauprodukt	Teil des natürlichen Kreislaufs
Ruß	unverbrannter Kohlenstoff wegen unvollständiger Verbrennung	lästig vor allem in Feuerungsanlage und Kamin
Stickoxid NO_x	Brennstickstoff und Luftstickstoff + Luftsauerstoff -> NO. Ursache: Luftüberschuß, hohe Verbrennungstemperaturen	ähnlich wie vergleichbare Öl- und Gasfeuerungen
Kohlenmonoxid CO	giftiges Gas, wegen unvollständiger Verbrennung	höher als bei vergleichbaren Öl- und Gasfeuerungen
Kohlenwasserstoffe HC	fest, flüssig, gasförmig (Hauptanteil des sichtbaren Rauches). Entsteht durch unvollständige Verbrennung	je nach Feuerung und Verbrennungsqualität schwach bis stark toxisch u./o. umweltschädigend

Glanzruß. Leider läßt sich die Rußbildung beim Anheizen im kalten Feuerraum nicht vermeiden, aber nach der Anheizphase darf kein Ruß mehr entstehen. Eine Rußschicht erschwert die Wärmeabgabe an die darunter liegende Wand, sie ist daher im Wärmetauscher besonders unerwünscht.

Schornsteindurchnässung. Im Holzrauch ist immer auch Wasser enthalten. Dieser Wasserdampf führt zu einem weißen Rauchwölkchen im kalten, klaren Winterhimmel. Ist die Temperatur im Schornstein zu niedrig, dann kondensiert das Wasser schon im Kamin und durchnäßt die Schornsteinwände. Die Kaminversottung mit all ihren teuren Folgen ist das schädliche Ergebnis. Bei gut lufttrockenem Holz liegt die kritische Untergrenze des Rauches – der Taupunkt – bei 45°C. Folglich muß eine über dieser Temperatur liegende Mindestwärme am Schornsteinkopf noch vorhanden sein. Bei feuchtem Holz wird diese kritische Grenze schon bei 60°C unterschritten.

Rund 130 bis 150°C soll das Rauchgas vor dem Eintritt in den Schornstein noch heiß sein. Bei schlechter Schornsteinisolierung müssen es entsprechend höhere Temperaturen sein. Vor der Kaminversottung schützt trockenes Holz, eine ausreichend heiße Verbrennung und eine gute Schornsteinisolierung.

Holzfeuerrauch. Feuerungsanlagen für den Einsatz fester Brennstoffe sind laut Bundesimmissionsschutzverordnung „raucharm" zu betreiben. Diese Anforderung gilt als erfüllt, wenn Feuerungsanlagen mit raucharmen Brennstoffen

Maßnahmen, um Emissionen niedrig zu halten
1. Hauptforderung: Kesselkonstruktion, mit welcher hohe Temperaturen in der Brennkammer und damit hohe Flammtemperaturen erreicht werden können.
2. Holzsortimente verwenden, welche für den Kessel geeignet sind.
3 Beschickung und Betrieb so einrichten, daß eine vollständige Verbrennung mit nur geringer Schwelgasbildung erreicht wird.
4. Mit der Rauchgasreinigung kann bei automatischen Feuerungen mit hohem Aschenanteil (Unterschub-, Einblasfeuerung usw.) der Flugaschenanteil wirksam reduziert werden.

Tabelle 9:
Wie Emissionen gering gehalten werden können. Quelle [2]

betrieben werden. Nur „trockenes Holz" ist ein raucharmer Brennstoff.

Beim Verbrennen des Lignins entsteht meist ein für den Holzrauch typischer aromatischer Geruch. Solange das Holzgas nahezu vollständig ausbrennt, dürfte dieser Restgeruch von keinem Gericht als „unangenehm" verurteilt werden. Auch Kohle- oder Ölheizungen haben einen spezifischen Geruch.

Holz enthält (fast) keinen Schwefel, keine Chlorverbindungen und keine Schwermetalle. Deshalb können Holzheizungen auch ohne spezielle Filter umweltfreundlich betrieben werden. Wird in der Brennkammer des Holzofens die zur vollständigen Zersetzung notwendige hohe Temperatur erreicht, dann verbindet sich in der heißen Zone ein (kleiner) Teil des Luftstickstoffes mit dem Luft-

Spezifische Emissionen verschiedener Feuerungen						
Schadstoffe Feuerung	Kohlen- dioxyd mg/MJ	Kohlen- monoxid mg/MJ	Schwefel- dioxid mg/MJ	Stick- oxide mg/MJ	Kohlen- wasserstoffe mg/MJ	Partikel mg/MJ
Öl	76.000	17	95	50	15	5
Gas	60.000	8	0,2	35	12	0,2
Kohle	100.000	1.500	700	50	330	330
Holz konventionell	122.000	1.500 – 6.500	0	40 – 250	100 – 700	50 – 150
Holz modern	122.000	130 – 650	0	40 – 150	26 – 50	5 – 26

Tabelle 10:
Spezifische Emissionen verschiedener Feuerungen bezogen auf den unteren Heizwert
(1 MJ = 0,278 kWh). Quelle [2]

sauerstoff zu Stickoxiden. Bei niedriger Brennkammertemperatur bildet sich zwar (fast) kein Stickoxid, dafür aber geraten unvollständig verbrannte Holzgasbestandteile in die Luft. Nach der bisherigen Sachlagebeurteilung ist eine vollständige Holzverbrennung unter Inkaufnahme von Stickoxid besser als die umgekehrte Lösung mit zu niederen Brennkammertemperaturen.

Der Rauch von unvollständig verbranntem Holz enthält eine Reihe organischer Verbindungen (z.B. Kohlenwasserstoffe wie Benzole, diverse organische Säuren, Aldehyde, Kresole, Phenole und andere Aromate). Einige dieser Stoffe sind starke Geruchsträger und einzelne gelten als gesundheitsschädlich. Schon deshalb ist es notwendig, durch eine gut geregelte Verbrennung in einem geeigneten Holzofen dafür zu sorgen, daß das Brennholz vollständig ausbrennt.

Auf lange Sicht werden die bei einer unvollständigen Verbrennung freigesetzten Stoffe von den natürlichen Kräften zu waldüblichen Grundbestandteilen

abgebaut. Eine langfristige Umweltgefahr geht von ihnen somit nicht aus.

Unser Ziel muß sein: Ein das Holz vollständig verbrennender und damit die Holzenergie vollständig ausnutzender Holzofen. Dieser ist energiewirtschaftlich sinnvoll, und der erzeugte Holzrauch ist umweltfreundlicher als der Rauch aus Kohle- oder Ölfeuerungen und hält sogar einem Vergleich mit Gasfeuerungen stand.

Holzasche

Die ausgebrannte Asche enthält in der Regel noch gut 24 Stunden lang Glutteile. Deshalb muß sie eine ausreichende Zeit in einem Metallbehälter ausglühen. Normalerweise entspricht die Menge der anfallenden Holzasche nur 0,3 bis 0,5 Gewichts-% des eingebrachten Holzes. Wenn jedoch Rinde, Blätter und Zweige mit verfeuert werden, nimmt der Aschen-

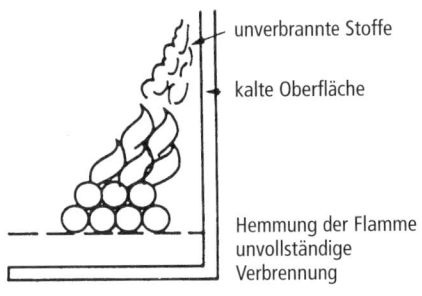

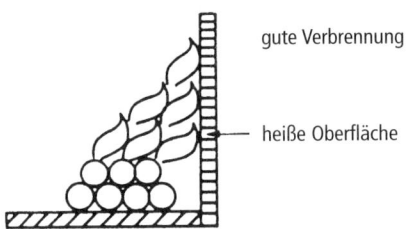

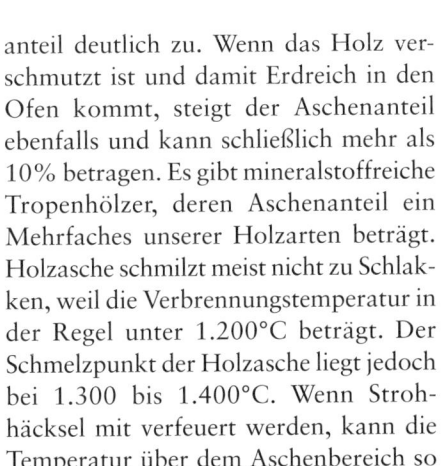

43 Feuerraum und Verbrennung.

anteil deutlich zu. Wenn das Holz verschmutzt ist und damit Erdreich in den Ofen kommt, steigt der Aschenanteil ebenfalls und kann schließlich mehr als 10% betragen. Es gibt mineralstoffreiche Tropenhölzer, deren Aschenanteil ein Mehrfaches unserer Holzarten beträgt. Holzasche schmilzt meist nicht zu Schlakken, weil die Verbrennungstemperatur in der Regel unter 1.200°C beträgt. Der Schmelzpunkt der Holzasche liegt jedoch bei 1.300 bis 1.400°C. Wenn Strohhäcksel mit verfeuert werden, kann die Temperatur über dem Aschenbereich so hoch ansteigen, daß die Asche schmilzt, also verschlackt. Solche verschlackten Ofenteile sind schlecht zu reinigen.

Die Holzasche besteht zum größten Teil aus Calcium, Kalium und Magnesium. Die mittleren Werte liegen bei 50% CaO Calcium, 16% K_2O Kalium, 15% MgO Magnesium, 7% P_2O_2 Phosphor, 5% SiO_2 Silizium, 5% Na_2O Natrium und kleine Mengen Eisen, Mangan etc. Die Schwankungsbreite der Inhaltsstoffe ist sehr hoch, wie fast alle Werte beim Naturprodukt Holz. Holzasche kann als Gartendünger verwendet werden, allerdings nur, wenn es reine Holzasche ist.

Brennkammer

Voraussetzung für eine vollkommene Verbrennung sind:

• Eine hohe Temperatur in der Brennkammer. Optimal sind um 850 bis 1000° C. Mindestens 600° C müssen erreicht werden.

• Eine ausreichende Reaktionszeit, damit die heißen Holzgase mit den sauerstoffreichen Luftgasen sich gut vermischen und ausreagieren können.

• Ein ausreichender Sauerstoffgehalt.

Kritisch ist selten der ausreichende Sauerstoffgehalt, da bei der Holzverbrennung mit Luftüberschuß gefahren wird. Problematisch ist eher eine zu geringe Reaktionszeit, indem bei einer zu kleinen Brennkammer die heißen Holzgase zu rasch aus der heißen Brennkammer weggeführt werden. Davor bewahrt eine größere Brennkammer oder – falls der Schornsteinzug zu stark ist – eine Verringerung dieses Zuges. Damit sich die Holzgase und die Verbrennungsluft gut vermischen, werden sie in Verengungen (Düsen) verwirbelt. Dies ist umso wich-

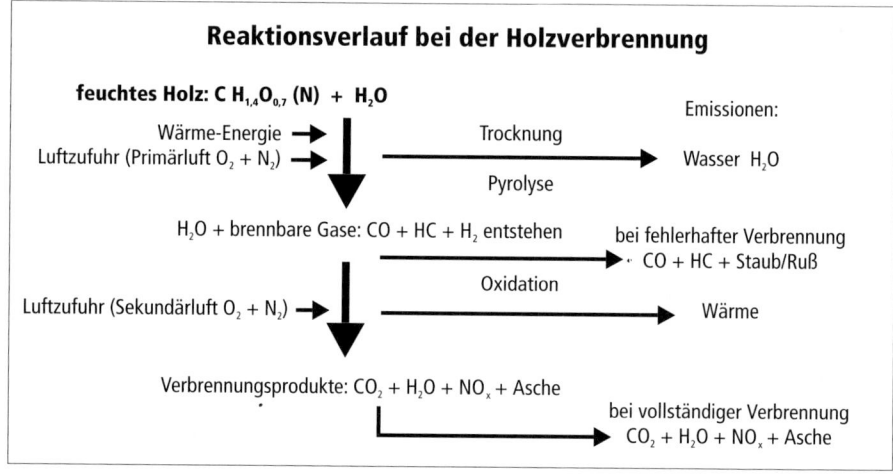

Reaktionsverlauf bei der Holzverbrennung

feuchtes Holz: $C H_{1,4}O_{0,7}$ (N) + H_2O

Wärme-Energie ➡
Luftzufuhr (Primärluft O_2 + N_2) ➡ | ——— Trocknung ———➡

Pyrolyse

Emissionen:

Wasser H_2O

H_2O + brennbare Gase: CO + HC + H_2 entstehen

Oxidation

Luftzufuhr (Sekundärluft O_2 + N_2) ➡

bei fehlerhafter Verbrennung
➡ CO + HC + Staub/Ruß

Wärme

Verbrennungsprodukte: CO_2 + H_2O + NO_x + Asche

bei vollständiger Verbrennung
➡ CO_2 + H_2O + NO_x + Asche

44 Reaktionsverlauf bei der Holzverbrennung.

tiger, je heißer die in die Brennkammer gelangenden Gase sind, weil sich heiße Gase nur schwer vermischen.

Der häufigste Mangel liegt in zu niedrigen Brennkammertemperaturen. Deshalb sind mit Schamotte ausgemauerte und gut wärmeisolierte Brennkammern zu empfehlen. Sie können auch mit Keramik oder mit Edelstahlblechen ausgekleidet sein.

Inzwischen wurden Feuerfestauskleidungen entwickelt, welche sich ab Anheizbeginn sehr rasch erwärmen, weil sie die Wärme relativ schlecht ableiten. Dadurch entsteht schnell eine hohe Feuerraumtemperatur und somit eine gute Verbrennungsqualität.

Ein Wärmeaustausch vor dem vollständigen Ausbrennen der Holzgase stoppt die Verbrennung und ist deshalb schäd-

lich. Die Verbrennung der heißen Holzgase und der Wärmeaustausch im Holzofen müssen somit zeitlich wie räumlich deutlich getrennt ablaufen.

Um die Mängel schlecht gebauter Holzöfen auszugleichen, werden gelegentlich „Nachbrennkammern" empfohlen. Diese Nachbrennkammern können dort eingebaut werden, wo das Holzgas erst im Rauchrohr oder gar erst im Schornstein ausbrennt. Nachbrennkammern bestehen aus feuerfestem Beton oder Schamottesteinen und weisen eine Sekundärluftzufuhr auf.

Das Ziel einer vollständigen Nutzung der Holzenergie wird nur erreicht, wenn die Holzgase möglichst lange in einer heißen sauerstoffreichen Brennkammeratmosphäre ausreagieren können!

Katalytische Nachbrenner

Katalysatoren sind Beschleuniger, die chemische Vorgänge rascher ablaufen lassen. Während die Holzgase normalerweise erst bei einer über 600 bis 800°C liegenden Temperatur ausreichend ausbrennen, kann mit Hilfe von Katalysatoren dieser Ausbrand schon bei 300 bis 400°C beginnen. Bei relativ niedrigen Feuer-Temperaturen kann so, mit Hilfe dieser Technik, ein zufriedenstellender Ausbrand der Brenngase erreicht werden. Voraussetzung ist, daß das über die Katalysatorenoberfläche strömende Holzgas eine ausreichende Menge Sauerstoff enthält und die Katalysatoren-Zündtemperatur überschritten ist. Diese Zündtemperatur kann bei einem neuen Katalysator um 250°C, bei einem älteren um 350 bis 400°C liegen.

Damit der Katalysator seine Wirkung voll entfalten kann, braucht er eine große Oberfläche. Dies wird durch viele quadratische Röhren erreicht, die ähnlich wie Bienenwaben zu einem Rohr gebündelt werden. Bei einem Rohrquerschnitt von 160 cm^2 können so rund 500 Einzelröhren zu einem knapp 15 cm dicken und 76 cm langen Katalysator gebündelt sein. Mit der Länge des Katalysators steigt zwar dessen Leistung und Lebensdauer, aber auch sein Durchflußwiderstand. Eine höhere Zellendichte steigert ebenfalls die Leistung, aber auch den Durchflußwiderstand und damit die Verstopfungsgefahr.

Die Grundsubstanz kann aus Keramik bestehen, auf der sich eine Trägerschicht aus Leichtmetalloxid befindet, die ihrerseits die Edelmetallegierung des Katalysators trägt. In Holzöfen mit Katalysatoren darf nur naturbelassenes Holz verheizt werden, weil sonst die Gefahr besteht, daß beim Verbrennen Gifte im Katalysator frei werden und diesen un-

45 Konstruktion eines Ofens mit Katalysator.
Quelle: Corning Glas GmbH, Wiesbaden

A Brennstoff- und Brennraum
B Wärmetausch an den Ofenwänden
C Umlenkplatte
D Bypaßklappe zur Umgehung des Katalysators
E Sicherheitsöffnung für Brenngase, damit auch bei geschlossener Bypaßklappe und verstopftem Katalysator eine Minimalmenge an Rauchgas abziehen kann
G Sekundärluft-Zufuhr
H Schutzplatte für den Katalysator
J Strahlungsreflektor, um die Hitze am Katalysatorausgang zurückzustrahlen
K Schauglas zur optischen Katalysatorkontrolle

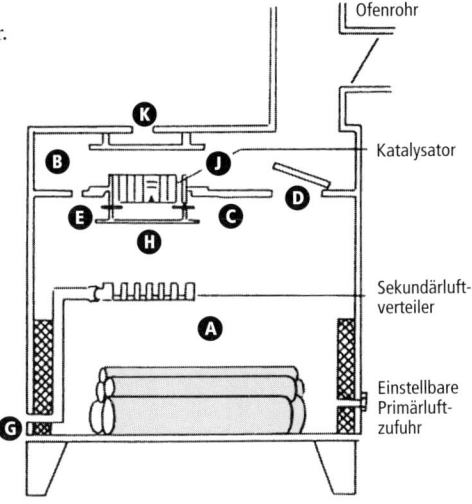

Ofenrohr

Katalysator

Sekundärluftverteiler

Einstellbare Primärluftzufuhr

brauchbar machen. Auch Schwefel aus schwefelhaltigen Brennstoffen, zum Beispiel Kohle, kann ein solches Katalysatorengift sein. Sollte der Katalysator durch größere Flugaschestücke zulagern, beispielsweise beim Verbrennen von Papier, dann könnnen diese mit einem weichen Pinsel wieder entfernt werden.

Die Lebensdauer eines richtig behandelten Katalysators kann um 6000 Betriebsstunden liegen. Wer sicher wissen will, ob ein Katalysator arbeitet, der muß die Temperatur der Rauchgase vor und hinter dem Katalysator messen. Solange die Ausgangstemperatur höher als die Eingangstemperatur ist, arbeitet der Katalysator.

Wärmetauscher

Im „Wärmetauscher" wird die bei der Verbrennung entstandene Hitze aus den Rauchgasen entnommen. Bei den Öfen unserer Großeltern wirkten als Wärmetauscher

- die Ofenoberfläche: Diese strahlte einen Teil der Hitze als Strahlungswärme in das zu heizende Zimmer. Außerdem heizte sich die Zimmerluft an der heißen Ofenwand auf (Konvektion).
- das Ofenrohr: An diesem Ofenrohr erwärmte sich die Raumluft. Die Wärme wurde also ausgetauscht zwischen den heißen Rauchgasen im Ofenrohr,

Abzug der Gase

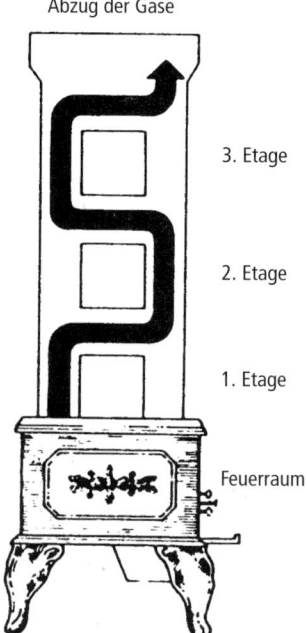

3. Etage

2. Etage

1. Etage

Feuerraum

46
Alter Prachtofen mit einer großen Oberfläche zum Wärmeaustausch.
Quelle: Dr. Lange, 41751 Viersen

welche sich dabei abkühlten und der kühlen Zimmerluft, die sich so erwärmte.

Merkmal jedes Wärmetauschers ist, daß sich die heißen Rauchgase abkühlen und dafür einen anderen Stoff, den „Wärmeträger", erwärmen. Bei den genannten Öfen war dieser Stoff die Luft. Beim Kessel einer Wasser-Zentralheizung ist das Wasser im Heizungskreislauf der Wärmeträger.

Die Wärmetauschflächen müssen stets sauber sein. Jeder Millimeter Schmutz erschwert den Wärmedurchgang und verringert dadurch die Wärmeabgabe. Die Wärmetauschflächen verteeren, wenn die Rauchgase nicht ausreichend ausgebrannt sind. Der dann sich bildende Rußbelag behindert den Wärmeübergang und verengt die Rauchgaskanäle. In den Wärmetauscher dürfen folglich nur vollkommen ausgebrannte Holzgase kommen.

Deshalb ist für die Anheizphase ein Rauchgas-Bypass notwendig. Dieser führt die in der Anheizphase stets zu kalten Holzgase aus der Brennkammer direkt in den Schornstein. Dadurch bleiben die Wärmetauschflächen sauber. Der Rauchgas-Bypass wird über einen Thermostat gesteuert, der die Rauchgastemperatur mißt und entsprechend die Rauchgase entweder direkt zum Schornstein oder über den Wärmetauscher leitet. Achten Sie beim Ofenkauf darauf, daß die Flächen des Wärmetauschers leicht zu reinigen sind.

Abgaswärmetauscher

Wenn die Rauchgase am Schornsteineintritt zu heiß sind, wird gelegentlich ein Abgaswärmetauscher empfohlen. Ein solches Gerät kann nur bei Holzheizkesseln mit Wasser als Wärmeträger verwendet werden. Die Gefahr beim Einsatz eines

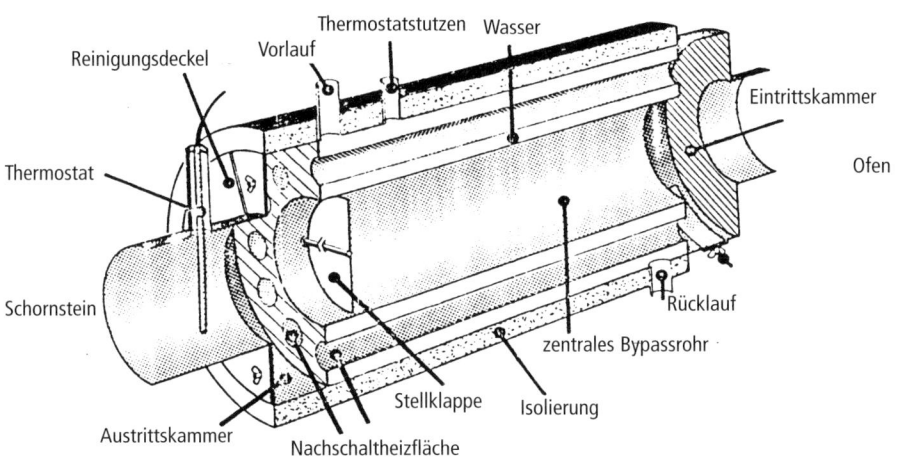

47 Schnitt durch einen Abgas-Wärmetauscher   Quelle: Fa. Tritschler, Aschaffenburg

Abgaswärmetauschers besteht darin, daß dieser Wärmetauscher die Abgastemperatur zu sehr abkühlt, beispielsweise unter 140 bis 160°C. Dann kann es passieren, daß Kondenswasser ausfällt und den Schornstein durchfeuchtet; dadurch kann der Schaden durch den Abgaswärmetauscher größer sein als der Nutzen. Wenn der Wärmetauscher des Holzofens zu klein ist, ist es meist vernünftiger und auf längere Sicht wirtschaftlicher, anstelle eines Abgaswärmetauschers einen besseren Ofen zu kaufen.

Der Abgaswärmetauscher lohnt sich nur in seltenen Fällen. Vor einem Kauf sollte ein unabhängiger Heizungsfachmann und der Schornsteinfeger zu Rate gezogen werden.

Wärmetransport und Wärmeträger

Die im Holzfeuer frei werdende Wärmeenergie kann auf verschiedenen Wegen an die zu heizenden Räume übertragen werden,

- durch die unsichtbare, aber fühlbare *Wärmestrahlung*,
- durch *Wärmeströmung* (Konvektion) von heißem Wasser und/oder von erhitzter Luft. Die Luft oder das Wasser wirken dabei als Wärmeträger.

Auch der Mensch ist ein kleiner Ofen, allerdings mit einem sehr teuren Brennstoff (kostspielige Nahrungsmittel). 42% seiner Wärmeenergie gibt der Mensch durch Strahlung ab, 26% durch Konvektion – also Erwärmung der Luft. Eine Wärmezufuhr, bei der ebenfalls rund zwei Drittel der Wärme als Wärmestrahlung erfolgt, wird deshalb als besonders behaglich empfunden.

Die *Wärmestrahlung* kann so wenig wie das Licht um die Ecke strahlen. Deshalb sind Öfen mit einer hohen Wärmestrahlung so zu aufzustellen, daß sie in dem zu heizenden Zimmer von allen Punkten aus zu sehen sind. Am besten werden sie gegenüber der Außenwandmitte aufgestellt, weil sie dann diese kalte Wandfläche auf voller Breite bestrahlen und erwärmen können.

Wärmestrahlung heizt die Zimmerluft, die sie durchdringt, kaum auf, so daß bei reinen Strahlungsheizungen nur geringe Luftbewegungen im Raum auftreten. Dafür werden um so mehr die Gegenstände des Raumes erwärmt, auf welche diese Wärmestrahlung auftrifft. Möbel, Wände fühlen sich warm an, auch wenn die Lufttemperatur vergleichsweise niedrig ist. Heizungen mit hohem Anteil an Strahlungswärme liefern daher eine besonders behagliche Wärme.

Über Warmluftströme, d.h. den *Wärmeträger Luft*, können auch solche Räume geheizt werden, die nicht oder nur unzureichend durch Wärmestrahlung temperiert werden. Um die Luft am Ofen wirkungsvoll aufzuheizen, müssen dort entsprechend große Wärmetauscherflächen und Konvektionsschächte angebracht sein, die von unten den Kaltlufteintritt ermöglichen und oben den Heißluftaustritt vorsehen. Je nach Heizleistung und Größe der Räume ist unter Umständen ein elektrisches Gebläse erforderlich, damit die Luftumwälzung rasch genug stattfindet.

Bei Warmwasser-Heizungen wird im Kessel zunächst *Wasser als Wärmeträger* aufgeheizt, das sich auch über größere Entfernungen gut im Haus verteilen läßt und seine Energie erst am Heizkörper an die Raumluft abgibt (durch Konvektion und Strahlung).

Hinweise auf die Güte der Holzverbrennung

Folgende Anforderungen sollte eine optimale Holzverfeuerung erfüllen:

- Der Brennstoff Holz sollte so wenig Feuchtigkeit wie möglich enthalten; deshalb muß das Brennholz gut gelagert werden, damit es garantiert lufttrocken in den Ofen kommt.
- Eine ausreichende Sauerstoffzufuhr muß gesichert werden. Der ideale Ausbrand der Holzgase wird nur erreicht, wenn rund 1,7 mal soviel Luftsauerstoff zugeführt wird, wie nach dem Gewichtsverhältnis der chemischen Verbindung erforderlich wäre.
- Ein zu großer Luftüberschuß ist ebenfalls zu vermeiden; denn er führt zu
  – hohen Zuggeschwindigkeiten. Dadurch wird der Ausbrand zum Teil ins Rauchrohr hineingezogen.
  – Energieverlust, weil zu viel Luftstickstoff und nicht benötigter Luftsauerstoff mit erwärmt werden muß.
  – Abkühlung der Gaszüge des Ofens.
- Das Holzgas muß mit der sauerstoffreichen Luft gut – also gleichmäßig – durchmischt werden.
- Eine hohe Brennkammertemperatur um 700 bis 1000°C muß erzielbar sein. Nur bei dieser hohen Temperatur ist eine vollständige Zersetzung (Pyrolyse) der Holzgasbestandteile gesichert.
- Die Brennkammer muß ausreichend groß sein (ca. 4 Liter je kW Heizleistung), damit sich das Holzgas zum Ausbrennen gut 2 Sekunden lang in der Brennkammer verwirbelt aufhält, bevor es zu den Wärmetauscherflächen gelangt.

Woran ist eine gute Holzverbrennung zu erkennen?

Eine gute Verbrennung läßt sich an folgenden Erscheinungen erkennen:

- Feine weiße Asche zeigt eine saubere Verbrennung.
- Dunkler Holzrauch weist auf eine schlechte Verbrennung hin.
- Holzruß ist nicht ausreichend verbranntes Holz.
- Glanzruß: wenn der im Holzrauch enthaltene Holzteer an kalten Ofenwänden sich niederschlägt und schließlich einbrennt, entsteht lackähnlicher „Glanzruß". Glanzruß behindert den Wärmeübergang, er isoliert. Ein Millimeter Ruß im Wärmetauscher

Diesen Ärger haben Sie mit Ihrer Holzheizung	Dies könnte eine mögliche Ursache sein	Auf diesen Seiten finden Sie Hinweise zum Problem
Das Holz entzündet sich nicht	– Holz ist zu dick – Holz ist zu feucht – Die Luftzufuhr ist zu schwach – Der Schornstein ist zu kalt	Seite 49 bis 51 Seite 37 bis 43 Seite 52 bis 54 Seite 49 bis 50
Holz brennt nicht mit lodernder Flamme, es schwelt vor sich hin oder geht gar aus	– Holz ist zu feucht – Die Luftzufuhr ist zu schwach – Rauchgaszüge im Ofen, Ofenrohr oder Schornstein sind verrußt – Brennkammer zu klein oder zu kalt	Seite 37 bis 43 Seite 51 bis 52 Seite 55 bis 60, 65 bis 66 Seite 61 bis 62
Rauch stinkt nach Holzessig, Verbrennung unvollständig, Glanzruß bildet sich	– Holz ist zu feucht – Die Luftzufuhr ist zu schwach – Brennkammer zu klein oder zu kalt	Seite 37 bis 43 Seite 52 bis 54 Seite 61 bis 62
Der Rauch zieht nicht ab	– Die Luftzufuhr ist zu schwach – Die Rauchgaszüge im Ofenrohr oder Schornstein sind verrußt – Schornsteinquerschnitt zu klein – Sturm drückt auf den Kaminkopf	Seite 52 bis 54 Seite 55 bis 60, 65 bis 66 Zugverstärker einbauen, Windschutz aufbauen
Es entsteht zuviel Ruß oder Glanzruß	– Holz ist zu feucht – Luftzufuhr ist zu schwach – Brennkammer zu kalt oder zu klein	Seite 37 bis 43 Seite 52 bis 54 Seite 61 bis 62 Abbürsten des Belages, im Fachhandel erhältlicheMittel erleichtern die Arbeit
Obwohl das Feuer stark brennt, wird es nicht warm	– Der Zug ist zu stark	Zugbremse einbauen
Es brennt zu schnell ab	– Zug ist zu stark – Holz ist zu fein gespalten – Der Rost ist zu groß, weshalb unverbrannte Holzkohlestücke in den Aschenkasten fallen	Zugbremse einbauen Dickere Holzstücke verwenden Kleineren Rost einbauen
Eine Stelle des ausschamottierten Ofens wird sehr heiß	– Die Schamotteausmauerung ist beschädigt	Ofenbauer rufen
Schornstein versottet, wird naß	– Holz ist zu feucht – Luftzufuhr ist zu schwach – Die Rauchgase sind zu kalt – Der Schornstein ist nicht ausreichend isoliert	Seite 37 bis 43 Seite 52 bis 54 Seite 55 bis 62 Schornstein isolieren, Anlage vom Schornsteinfeger prüfen lassen
Schornsteinbrand	– Ursachen wie bei zuviel Ruß	
Fragen Sie bei Problemen den für Ihren Bereich zuständigen Bezirksschornsteinfeger		

Tabelle 11: Ärger mit der Holzheizung und mögliche Ursachen.

soll den Wirkungsgrad des Wärmetauschers und damit des Ofens um fast 10% senken und die Abgastemperatur um bis zu 60°C erhöhen.

- Der Rauch am Schornsteinkopf sollte zumindest zunächst unsichtbar sein. Wenn der Rauch im Abstand zum Schornsteinkopf zu weißem Nebel wird, ist dies nicht schlimm; kommt er schon als weißer Nebel aus dem Schornsteinkopf heraus, ist der Taupunkt des Rauches bereits im Kamin überschritten; in diesem Fall kann es zu einer schädlichen Durchfeuchtung des Schornsteins kommen.

Bei jedem Anheizen wird der Taupunkt für eine kurze Zeit unterschritten. Dies bleibt jedoch ohne Folgen, da bei längerem Heizbetrieb die Feuchtigkeit abtrocknet und mit dem Rauch ins Freie gebracht wird.

- Beim Eintritt des Rauchgases in den Schornstein soll es mindestens 125°C heiß sein, besser 140 bis 160°C. Beim Austritt des Rauchgases aus dem Schornstein soll es noch mindestens 60°C heiß sein. Bei gut lufttrockenem Holz können auch 50°C Abgastemperatur genügen; bei noch geringeren Temperaturen wird jedoch der Kondensationspunkt unterschritten.

Zu heißer Rauch führt zu Energieverlusten, zu kalter Rauch zu Kaminschäden.

Rußfolgen sind

- Leistungsabfall des Wärmetauschteiles. Das Rauchgas bleibt deshalb heißer, die Energieverluste steigen.
- Der Kaminquerschnitt setzt sich zu, der Kaminzug sinkt.
- Ärger mit den Nachbarn, weil der stinkende Rußrauch stört. Im schlimmsten Fall droht Anzeige bei der zuständigen Behörde und Verwendungsverbot des Holzofens.

Schornsteinbrand. Bei großer Hitze und ausreichend Sauerstoffzug kann sich der im Schornstein abgelagerte brennbare Ruß entzünden. Bis zu viermal im Jahr muß ein Holz-Zentralheizungskamin daher geputzt werden. In einer Wasserheizung kann der Ruß teilweise ausgebrannt werden, indem die Kesseltemperatur einige Stunden auf Maximaltemperaturgrenzen erhöht wird, zum Beispiel auf 90°C.

Grundsätzliches über Holzöfen

Die Brennprinzipien von Holzöfen

Jeder Ofen, der die im Holz steckende Heizenergie gut ausnutzt, besteht aus drei Teilen:

- dem Holzvorratsbehälter oder Holzspeicher,
- der Brennkammer zum Holzgas-Ausbrand,
- dem Wärmetauscher, in welchem die Wärmeenergie aus dem heißen Rauchgas herausgeholt wird.

Der *Durchbrandofen* wurde eigentlich für den Brennstoff Kohle konzipiert; Speicherraum und Brennraum sind nicht voneinander getrennt. Die Verbrennungsluft strömt von unten durch das brennende Holz hindurch. Rund 60% des Holzgewichtes werden bei einer Temperatur von 300 bis 400°C zu Holzgas. Diese Temperatur wird im Durchbrandofen an einer zu großen Holzmenge fast zur gleichen Zeit erreicht, so daß innerhalb weniger Minuten 60% des Brennstoffes als brennbares Gas freigesetzt wird. Diese große Menge brennbares Gas übersteigt die Brennerleistung, so daß unvollständig verbranntes Holzgas den Ofen verläßt. Schlechte Brennstoffausnützung sowie größere Mengen an Ruß und Teer im Rauch sind die Folgen.

Bei *Öfen mit oberem Abbrand*, wie z.B. beim Kachelgrundofen üblich, ist die Situation nicht ganz so kritisch, weil der Kachelgrundofen sehr lange Rauchgaszüge aufweist, in denen das Holzgas relativ viel Zeit zum Ausbrennen hat und weil nach der Anheizphase die ausschamottierte Brennkammer eine vergleichsweise hohe Temperatur erreicht. Das Oberbrand-Holzfeuer ohne Rost – im Aschenbett – wird auch deshalb günstiger beurteilt als das Holzfeuer im Durchbrandofen, weil der Holzkohlenabbrand länger anhält. Mit viel Asche im Grundofen kann die Abbrandgeschwindigkeit der Holzkohle verlangsamt werden, mit wenig Asche wird sie beschleunigt.

Besser ist der *Unterbrandofen* oder der *seitliche Unterbrand-* oder *Kanalbrandofen*. Bei diesen Ofensystemen ist der Holzspeicher von der Brennkammer ausreichend getrennt. Das Holz im Füllschacht rutscht von selbst nach, wenn das unten liegende Holz zu feiner Asche verbrannt ist. Das Feuer wird also dank der Schwerkraft vollautomatisch mit dem notwendigen Brennstoff versorgt. Wichtig ist allerdings, daß das Holz so kurz gesägt ist, daß es nicht verklemmen kann.

Vollkommen getrennt sind die einzelnen Teile bei der *Vorofenfeuerung*. Bei Voröfen mit darüberliegendem Brennstoffbehälter muß beim Nachfüllen durch einen Doppelverschluß mit gegenseitiger Verriegelung sichergestellt werden, daß stets nur eine Klappe geöffnet ist und kein Rückbrand aus der Brennkammer auftreten kann.

In der meist keramisch ausgekleideten Brennkammer eines Vorofens entwickelt sich eine sehr hohe Hitze, die eine vollständige Primärverbrennung, also Holzvergasung ermöglicht. In der Brennkammer verbrennt die Holzkohle und ein

Teil des Holzgases. Die Sekundär-
verbrennung – also die abschließende
Verbrennung des Holzgases – erfolgt im
Gasrohr der Brennkammer unter Zufü-
gung von Sekundärluft. Die gesamte
Verbrennungsluftzufuhr wird durch ein
Gebläse gesteuert.

Der Vorofen wird meist sehr heiß,
weshalb alle Bedienungselemente gut isoliert sein müssen, sonst verbrennt man

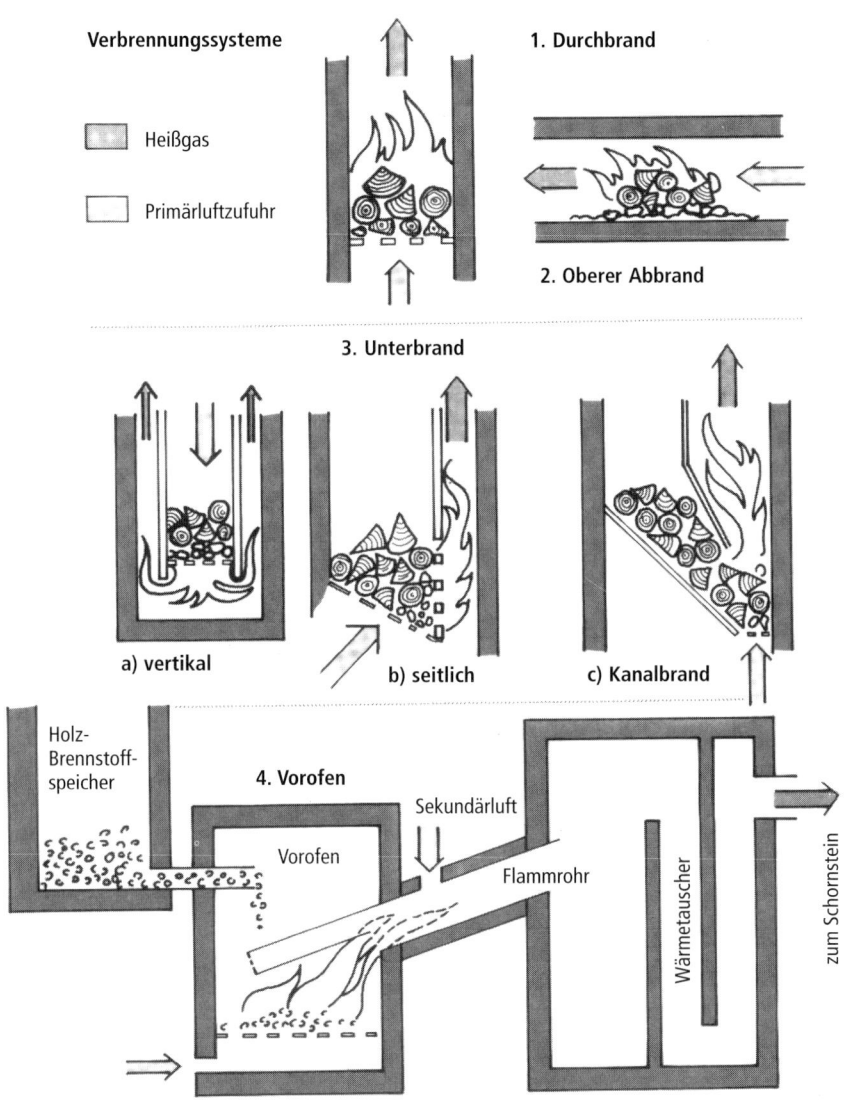

48 Verbrennungssysteme.

sich beim Bedienen. Es ist zweckmäßig, an diesen Öfen nur mit Handschuhen zu arbeiten. Die Wärmeverluste in den Raum, in dem der Vorofen steht, sind erheblich. Deshalb sollte der Vorofen so aufgestellt werden, daß diese Wärmeverluste nutzbringend in die Gebäudeheizung eingebracht werden können (zum Beispiel unter oder zwischen dem Wohnbereich). Ein guter Schornsteinzug ist gerade für den Vorofen sehr wichtig, sonst muß ein Rauchgas-Saugzuggebläse eingebaut werden. Bisher werden Voröfen nur als Hackschnitzelfeuerungen eingesetzt.

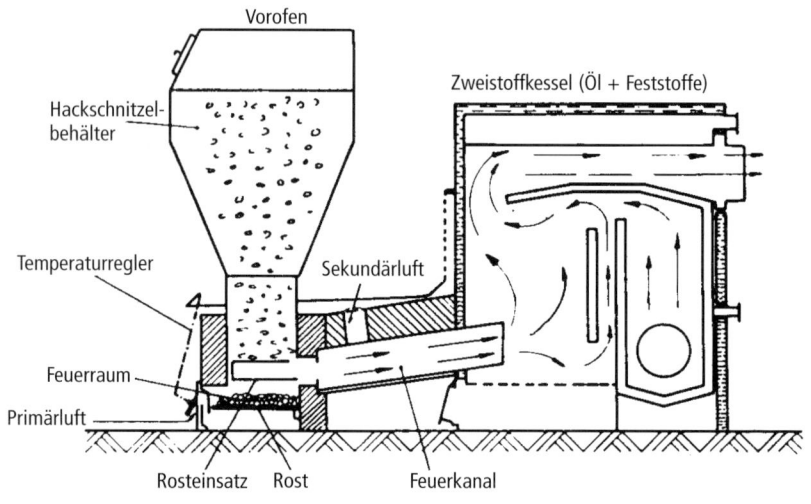

49 Vorofenfeuerung für Hackschnitzel mit Zweistoffkessel.
Quelle: Landtechnik Weihenstephan, 85354 Freising

50 Vor einen Heizkessel geschalteter Vorofen für Hackschnitzel.
Foto: CMA Informationen, Centrale Marketinggesellschaft der Deutschen Agrarwirtschaft, Bonn-Bad Godesberg

Wirkungsgrad eines Holzofens

Im Regelfall nutzt ein Ofen mit klarer Funktionstrennung in Holzspeicher, Brennkammer und Wärmetauscher die im Holz steckende Energie am besten aus. Weil reine Kohle (fast) ohne Flamme verbrennt, Holz jedoch ein besonders flammenreicher Brennstoff ist, muß ein Holzofen ganz andere Eigenschaften als ein klassischer Kohleofen besitzen. Der Holzofen-Wirkungsgrad ist ein Maß für die Eignung des Ofens für Holzbrennstoffe:

Holzofen-Wirkungsgrad = (Nutzwärme / Holzenergieeinsatz) x 100%

Die im eingesetzten Holz enthaltene Energie ist immer größer als die nutzbare Wärme, weil jeder Ofen auch Wärmeverlustquellen besitzt.

Nutzwärme =
Holzenergieeinsatz – Wärmeverluste

Je niedriger diese Wärmeverluste sind, desto höher ist der Wirkungsgrad. Wärmeverlustquellen sind die heißen Rauchgase (Abgasverluste), unvollständig verbrannte Holzbestandteile (Ruß) und die Wärmeabgabe in den Heizraum beziehungsweise beim Warmwassertransport (durch schlechte Isolierung).

Die von den Ofenherstellern genannten Wirkungsgrade werden ermittelt im Nennwärmeleistungsbereich des Ofens, mit sauberen Wärmetauschflächen, richtigem Schornsteinzug und befeuert mit trockenem Holz. So kommen günstige Werte zustande.

Wie unterschiedlich die Brennstoffausnutzung der verschiedenen Ofentypen ist, zeigt die Spannbreite der Wirkungsgrade üblicher Ofenarten in Tabelle 12.

51 Wirkungsgrade. Quelle [2]

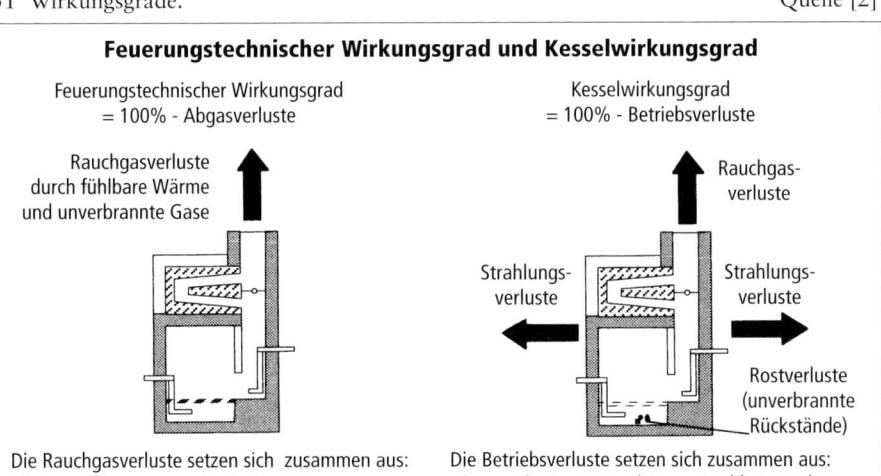

Feuerungstechnischer Wirkungsgrad und Kesselwirkungsgrad

Feuerungstechnischer Wirkungsgrad
= 100% - Abgasverluste

Kesselwirkungsgrad
= 100% - Betriebsverluste

Rauchgasverluste durch fühlbare Wärme und unverbrannte Gase

Rauchgasverluste

Strahlungsverluste

Strahlungsverluste

Rostverluste (unverbrannte Rückstände)

Die Rauchgasverluste setzen sich zusammen aus: fühlbare Wärme + unvollständige Verbrennung im Abgas = 7 - 12%

Die Betriebsverluste setzen sich zusammen aus: Abgasverlust + Rostverluste + Strahlungsverluste = 15 bis 20%

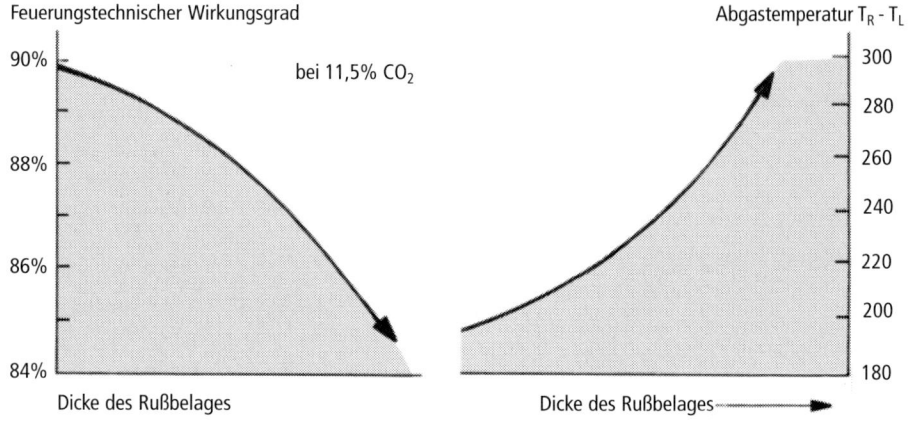

Feuerungstechnischer Wirkungsgrad

bei 11,5% CO_2

Abgastemperatur T_R - T_L

Dicke des Rußbelages

Dicke des Rußbelages ➝

52 Wirkungsgrad als Funktion des Rußbelages.

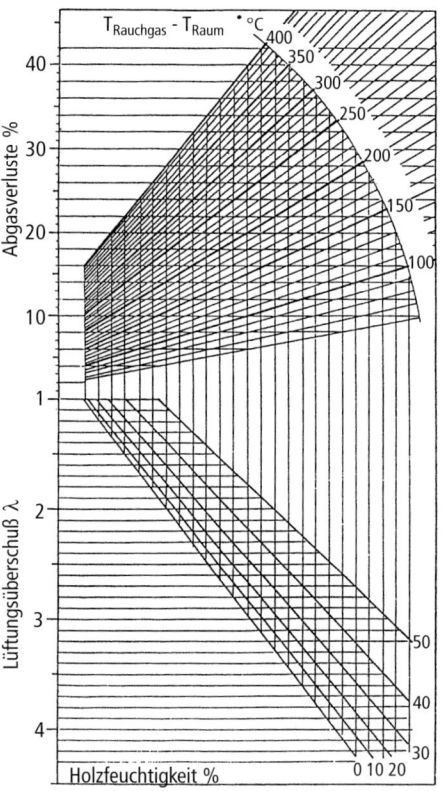

53 Verluste bei Holzfeuerungen in Abhängigkeit vom Luftüberschuß, von der Holzfeuchtigkeit und der Rauchgastemperatur. Bei guten Voraussetzungen läßt sich der Heizkessel mit einem Luftüberschuß von Faktor 2, einer Holzfeuchtigkeit von 20%, einer Rauchgastemperatur von 200°C und resultierenden Verlusten von 14% betreiben. Grafik: Christian Gaegauf

Tabelle 12:
Wirkungsgrade verschiedener
Holzfeuerstellen.

Wirkungsgrade verschiedener Holzfeuerungen	
Offene Kamine	10 – 30%
Offene Kamine mit Kanälen zur Lufterwärmung oder mit Wassertaschen	15 – 50%
Kaminöfen	15 – 60%
Kachelöfen und Einzelöfen	40 – 75%
Durchbrandkessel ohne Pufferspeicher	40 – 60%
Durchbrandkessel mit Pufferspeicher	50 – 75%
Unterbrandkessel ohne Pufferspeicher	50 – 80%
Unterbrandkessel mit Pufferspeicher	60 – 90%
Vorofen und Stoker	75 – 93%

Möchten Sie mehr über das **ökobuch** Verlagsprogramm erfahren? Seit über 20 Jahren verlegen wir Bücher über ökologisches Bauen und umweltfreundliche Technik. Gern informieren wir Sie über unser Programm. Auch Ihre Meinung würde uns interessieren.

Bitte schicken Sie mir/uns kostenlos Informationen zu:

❏ sofort einmalig
❏ regelmäßig bis auf Widerruf.

Ich interessiere mich für ❏ Bauen ❏ Technik ❏ Do it yourself ❏ Garten
❏ Sonstiges _____

Ich habe diese Karte folgendem Buch entnommen: _____

Meine Meinung / Anregung / Kritik: _____

_____

Absender

Vorname Name

Straße

PLZ / Ort

Bitte schicken Sie Ihr Programm auch an:

Bitte mit
0,51 €
freimachen

Antwortkarte

ökobuch
Verlag & Versand GmbH
Postfach 1126

79216 Staufen

Was ist beim Holzofenkauf zu beachten?

Richtig bemessene Heizleistung

Grundlage für die zu ermittelnde Heizleistung des Ofens ist eine Berechnung des Wärmebedarfs des Raumes bzw. der Wohnung oder des Hauses. Das Verfahren für diese Berechnung ist in der Deutschen Industrie-Norm DIN 4701 (Regeln für die Berechnung des Wärmebedarfs von Gebäuden) festgelegt. Um eine entsprechende Berechnung machen zu lassen, müssen Sie folgende Eingangsgrößen zum Fachmann mitbringen:

• Einen Lageplan des Hauses. Ist das Haus dem Wind ausgesetzt? Schützen Nachbargebäude (wie hoch sind diese)? Liegt es an einem Nordhang?
• Grundrisse und Ansichten der Hausgeschosse. Wie groß sind die Fenster und Türen? Wie hoch sind die Räume (vom Boden bis zur Decke)? Wie hoch sind die Geschosse (von Fußboden bis Fußboden)?
• Eine Baubeschreibung. Welche Baumaterialien wurden verwendet (wie hoch ist deren Wärmedurchgangszahl, der k-Wert)? Wie sind Fenster und Türen aufgebaut?
• Nutzungsabsicht. Welchem Zweck sollen die zu beheizenden Räume dienen?

Der Fachplaner berechnet den Wärmebedarf, heute meist mit einem Rechenprogramm auf dem PC. Damit Sie sich eine Vorstellung vom Nennheizbedarf machen können, sollen im folgenden einige Richtwerte genannt und am Beispiel erläutert werden.

Über die „Energiebezugsfläche" (EBF) soll der Heizbedarf für eine automatische Holzheizung geschätzt werden. Zur Energiebezugsfläche zählt die gesamte zu beheizende Geschoßfläche, einschließlich der Außenmauern, also auch die indirekt mitgeheizten Bereiche wie beispielsweise Flur und Treppenhaus. Als spezifischer Heizleistungsbedarf pro Quadratmeter Energiebezugsfläche können folgende Werte angenommen werden:

• 10 bis 20 W/m² im Niedrigenergiehaus,
• 20 bis 40 W/m² in einem gut gedämmten Neubau,
• 50 bis 70 W/m² in einem wärmegedämmten Altbau,
• 70 bis 120 W/m² in einem schlecht wärmeisolierten Altbau.

Nach diesen Vorgaben benötigt eine automatische Holzheizanlage, die 190 m² Energiebezugsfläche (EBF) versorgen soll:

Tabelle 13:
Kenngrößen einer guten Holzfeuerung (handbeschickte Kessel).   Quelle [2]

Kenngrößen einer guten Holzfeuerung (handbeschickte Kessel)	
Rauchgastemperatur	< 230°C
mittlerer CO_2-Gehalt im Rauchgas	mind. 10%
mittlerer CO-Gehalt im Rauchgas	< 0,5%
Strahlungsverlust bei Nennleistung	< 2%
Bei automatischen Feuerungen sollten günstigere Werte erreicht werden als oben angegeben.	

- 190 m² · 15 W/m² = 2,85 kW im Niedrigenergiehaus,
- 190 m² · 30 W/m² = 5,7 kW in einem wärmegedämmten Neubau und
- 190 m² · 105 W/m² = 20 kW in einem schlecht isolierten Altbau.

Anstelle der größeren Heizanlage sollte in letzterem Fall zuerst die Wärmedämmung verbessert werden.

Bei handbeschickten Holzheizungen ist der Betriebsverlauf ungleichmäßiger als bei automatischen Feuerungen, d.h. es treten größere Leistungsschwankungen auf. Um diese auszugleichen, werden solche Heizungen größer ausgelegt. Dazu wird die errechnete Heizleistung mit einem Faktor (z.b. mit 1,5) multipliziert.

Sinnvoll ist eine um 20 bis 40% höhere Heizleistung, wenn die Heizung mit einem Wärmespeicher (z.b. Wasser- oder Stein-Masse) kombiniert ist.

Zuschläge zur errechneten Leistung sind für hohe Räume oder rauere Klimazonen (Höhenlage, exponierte Lage, etc.) notwendig, ebenso wenn die Warmwasserbereitung in die Heizungsanlage integriert ist. Abschläge von der Soll-Leistung sind angebracht, wenn die Holzfeuerung nur als Zusatzheizung gedacht ist. Lassen Sie sich bei der Beratung vom Fachmann den Berechnungsweg offenlegen!

Holzspeicher

Ist die Fülltür groß, können auch sperrige Holzstücke bequem eingelegt werden; rutschen sie im Schacht sicher nach? Ein enger Holzvorratsspeicher erfordert einen hohen Zurichtungsaufwand, weil dann nur kleingespaltenes Holz verwendet werden kann. Ist der Füllschacht so

groß, daß eine größere Menge Holz auf Vorrat eingelegt werden kann?

Läßt sich die Fülltür leicht öffnen und wieder rauchdicht schließen? Kann die Fülltür erst geöffnet werden, wenn durch eine Unterdrucksteuerung gesichert ist, daß keine Flammenrückschläge stattfinden? Ist eventuell eine Rückschlagklappe (Doppelverschluß) vorhanden? Besonders an Holzöfen, in denen trockene kleingehackte Holzteile verbrannt werden, wie dies in einer Tischlerei der Fall ist, muß eine solche Sicherung vorhanden sein. Je kleiner und je trockener die verfeuerten Holzstücke sind, um so gefährlicher ist ein möglicher Flammenrückschlag.

Aschenkasten

Ist die Aschentür bequem erreichbar, leicht zu öffnen und zu schließen, ist sie rauchdicht? Ist der Aschenkasten groß genug? Sind zwei feuerfeste Aschenkästen vorhanden, damit die Asche stets in einem Aschenkasten 24 Stunden auskühlen kann, bevor der Kasten wieder gebraucht wird?

Reinigungsklappen

Sowohl am Brennkammerraum als auch an den Wärmetauschflächen müssen genug gut erreichbare, zuverlässig zu öffnende und wieder zu schließende Reinigungsklappen vorhanden sein, damit sowohl der Brennraum als auch die Wärmetauschflächen leicht gereinigt werden können. Diese Reinigungsklappen kosten Geld und fehlen deshalb an billigen Öfen.

Luftsteuerung

Ist eine temperaturgesteuerte Luftzufuhr vorhanden? Ist ein temperaturgesteuerter Rauchgasbypass vorhanden, der beim Anheizen einen direkten Gasabzug zum Schornstein freigibt?

Weitere Merkmale eines guten Ofens

Ist der Brennraum so gestaltet, daß er eine hohe Brennkammertemperatur sicherstellt (zum Beispiel ausschamottiert, eventuell zusätzlich mit Edelstahlblechen oder keramisch ausgekleidet)? Sind alle heißen Teile besonders korrosionsgeschützt (zum Beispiel emailliert, keramisch ausgekleidet, aus Edelstahl oder ähnliches)? Können die dem Verschleiß unterliegenden Teile leicht ausgetauscht werden? Sind die zur Reinigung notwendigen Geräte vorhanden?

Aufstellen eines Holzofens

Der Ofen steht vorteilhaft, wenn folgende Voraussetzungen erfüllt sind:

- Nähe zum Schornstein.
- Nähe zum Wärmeverbraucher, um geringe Wärmetransportverluste zu gewährleisten.
- Kurze Wege vom Lagerplatz des Holzes zum Ofen; stufenlose Wege, damit für den Holztransport und für den Aschenwegtransport Schubkarren verwendet werden können.
- Die Holzeinfülltür muß gut zugänglich sein.
- Gute Zugänglichkeit des Aschenkastens.
- Gute Zugänglichkeit der Reinigungsklappen.

Die Mindestabstände zu den Bauteilen sind gesetzlich vorgeschrieben und müssen eingehalten werden.

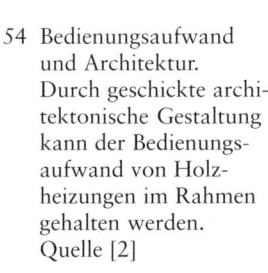

54 Bedienungsaufwand und Architektur. Durch geschickte architektonische Gestaltung kann der Bedienungsaufwand von Holzheizungen im Rahmen gehalten werden. Quelle [2]

Die verschiedenen Holzofentypen

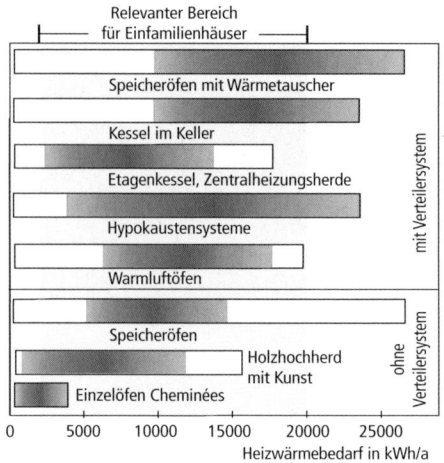

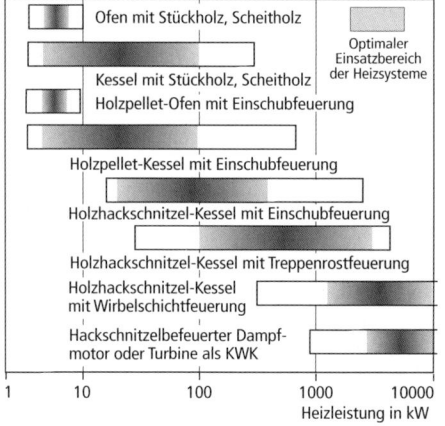

55
Einsatzbereiche von Holzfeuerungen in Abhängigkeit vom Wärmebedarf (oben für Hausheizungen) und von der Leistung (unten, auch für Großanlagen). Bei modernen Niedrigenergiehäusern liegt der Heizwärmebedarf mit 3000 bis 6000 kWh/a im unteren Bereich, so daß Holzheizkessel im Keller wegen der großen Heizleistung hier weniger geeignet sind. Quelle [3]

Zimmerofen, Einzelofen

Die Einzelraumbeheizung hat den Vorteil, daß nur der genutzte Wohnraum erwärmt wird und keine zusätzlichen Wärmeverluste durch den Wärmetransport und einen separaten Heizraum auftreten. Nachteilig ist dagegen der gegenüber modernen Holzheizkesseln schlechtere feuerungstechnische Wirkungsgrad dieser Öfen.

Da Einzelöfen in der Regel an der Innenwand eines Wohnraumes stehen (in der Schornsteinnähe), kann dies im Zimmer zu unangenehmen Luftzirkulationen führen. Am heißen Ofen steigen die erhitzten Luftteile auf. Die heiße Luft hängt unter der Decke. Dafür sinkt beim kalten Fenster auf der gegenüberliegenden Seite die Kaltluft auf den Boden. Eine Warm/Kaltluft-Zirkulation setzt ein, bei der es kalte Füße für die Bewohner gibt. Wenn die Räume niedrig sind, ist der Kopf dafür im heißen Luftstrom. Diese unangenehme Luftzirkulation bildet sich, wenn

- der Ofen wenig Strahlungswärme abgibt und vorwiegend durch Lufterwärmung heizt,
- und/oder die Außenwand bzw. die Fenster unzureichend gedämmt sind.

Eine starke Wärmeabstrahlung kann den Effekt dieser Temperaturschichtung verringern. Die Strahlungswärme kann jedoch nur wirken, wenn der Ofen von allen Punkten im Zimmer aus zu sehen ist.

78

56 oben links
Ein Zimmerofen für Holzfeuerung mit einer
Wärmeleistung von ca. 5 kW.
Foto: Jotul GmbH, Viernheim

57 oben rechts und unten
Beispiel eines modernen Kaminofens; rechts
der innere Aufbau mit der Luftführung für
Verbrennungsluft und konvektiv erwärmter
Raumluft.
Quelle: Fa. Scan, Krog Iversen + Co, Dk-
5492 Vissenbjerg / Dänemark

Saubere Abgase

Warme Konvektionsluft

Entlüftungsventil (Backfach)

Nachverbrennungsventil

Keramische Rauchumlenkplatte

Umwälzraum für Verbrennungsluft

Luftkanäle (Verbrennungsluft)

25 mm feuerfeste Steine

Konvektionskanäle

SCAN-Kachel (gibt behagl. Strahlungswärme)

Frischluftstutzen

Rauchabgang oben/hinten

Backfach

Massiver Backfachstein

Luftspalt für Spülluft

Verbrennungsluft

Feuerungstür m. keramischer Dichtung

Keramikglas

Bedienungsgriff

Brennkammer

Holzfänger

Rüttelrost

Aschenkasten m. keramischer Dichtung

Luftregulierung (für die Anheizphase)

Schmutzblech

Holzlagerfach

Genaue Luftregulierung (Verbrennungsluft)

Kalte Konvektion/Verbrennungsluft

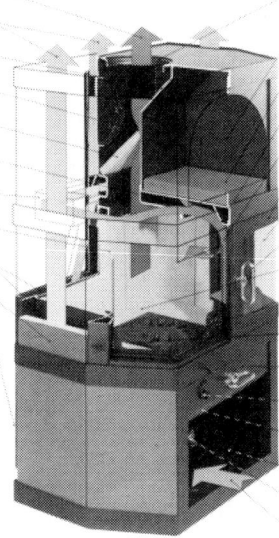

58 Kachelofen als Einzelzimmerofen.
Quelle: Rink-Kachelofen GmbH,
Am Klangstein 18, 35708 Haiger

In den Sommermonaten und in der Übergangszeit kann bei Wärmebedarf mit einem Einzelofen nur das bewohnte Zimmer beheizt werden, das Warmwasser wird dann zweckmäßigerweise in einem Elektroboiler oder einer Solaranlage erzeugt. Dadurch sinken die Bereitschaftsverluste. Während die Leistung eines Heizkessels knapp ausgelegt werden sollte, kann ein Zimmerofen wenigstens den errechneten Raumwärmebedarf als Nennheizleistung aufweisen. Ein so dimensionierter Ofen heizt schneller auf und braucht deshalb in der Übergangszeit erst

am Abend, wenn die Familie nach Hause kommt, in Betrieb genommen zu werden.

Der Brennstoff wird durch die (obere) Feuerungstüre aufgelegt. Häufig haben Zimmeröfen einen Rost, durch den die Verbrennungsluft von unten einströmt. Eine Tür in Höhe des Rostes und eine darunter liegende Tür zum Entfernen der durch den Rost gefallenen Asche dienen der Reinigung. Weil diese Öfen oft nach dem Durchbrandprinzip arbeiten, sollten immer nur begrenzte Holzmengen aufgelegt und dafür regelmäßiger nachgelegt werden. Die Luftzufuhr darf erst gedrosselt werden, wenn das Holz ausgebrannt ist.

Die Zimmeröfen gibt es in unterschiedlichster Ausführung. Selbst Öfen aus Metall sind zumeist doppelwandig aufgebaut bzw. innen mit Schamotte ausgemauert. Sichtfenster zeigen die lodernde Flamme des Holzfeuers und bringen dadurch Romantik ins Zimmer. Mit Kacheln oder Naturstein verkleidete Öfen sehen nicht nur schön aus, sondern sie speichern auch Wärme, brauchen deshalb ein wenig länger bis sie heiß sind, wärmen dann aber auch anhaltender nach.

Küchenherd

Noch vor 50 Jahren wurde in vielen Wohnungen an den Wochentagen in der großen Küche gewohnt. Auf dem Kochherd wurde das Essen gekocht und die Abfallwärme heizte die Küche. Heute sind Holzkochherde meist nur Beistellherde als eine Energie-Rückversicherung in ländlichen Küchen.

Manche Holzkochherde enthalten ein Rohrregister mit Wasser. Das heiße Wasser im Rohrregister kann zum Heizen eines weiteren Raumes oder zur Brauchwassererwärmung verwendet werden. Damit das Feuer möglichst nahe an der Kochplatte brennt, ist der Kochfeuerraum niedrig. Wenn im Winter überwiegend die Küche geheizt werden soll, kann der Rost umgeklappt oder auf das Winterrost-Niveau abgesenkt werden. Dadurch wird der Feuerraum größer.

In einem unter dem Herd untergebrachten auf Rollen laufenden Holzvorratsbehälter wird das schon lufttrockene Brennholz zusätzlich getrocknet.

59 Küchenherd als Holzkochherd und Kachelofen in Kombination mit einem Elektroherd.
Foto: HAGOS Verbund deutscher Kachelofen- und Luftheizungsbauerbetriebe eG, Industriestr. 62, 70565 Stuttgart

Kaminfeuer erwärmen Herz und Gemüt

Bei offenen Kaminen muß ständig ein starker Luftstrom auf die ganze Kaminöffnungsfläche einströmen und durch den Schornstein abziehen können. Dieser Gegenwind verhindert, daß Rauch ins Kaminzimmer dringt. Weil so in der Stunde das Mehrfache der gesamten Zimmerluft durch den Kamin ins Freie strömt, ist der offene Kamin eigentlich mehr eine leistungsstarke Frischluftanlage als ein Ofen. Wegen des schlechten Wirkungsgrades hat der Gesetzgeber bestimmt, daß offene Kamine „nur gelegentlich" betrieben werden dürfen.

Andere Brennstoffe als naturbelassene Holzstücke sind in offenen Kaminen in Deutschland verboten. Dies gilt auch für Kaminöfen mit offenem Feuerraum. So dürfen Braunkohlenbriketts beispielsweise in Kaminöfen nur dann verheizt werden, wenn die Feuerraumtüren geschlossen sind und die Wärmeabgabe überwiegend durch Luftumwälzung erfolgt.

Obwohl der Wirkungsgrad und damit die Heizleistung gegen den offenen Kamin spricht, wird er immer Anhänger haben: So wie sich über viele Jahrtausende hinweg die menschlichen Artgenossen um das offene Lagerfeuer sammelten, sitzt der Mensch auch im Computerzeitalter gern um offenes Holzfeuer. Fesseln uns uralte, in unergründlichen Tiefen verborgene Erinnerungen im Angesicht des Holzfeuerscheines? Erinnert uns die flackernde Holzflamme, das knisternde Feuer an urvertraute Stunden?

81

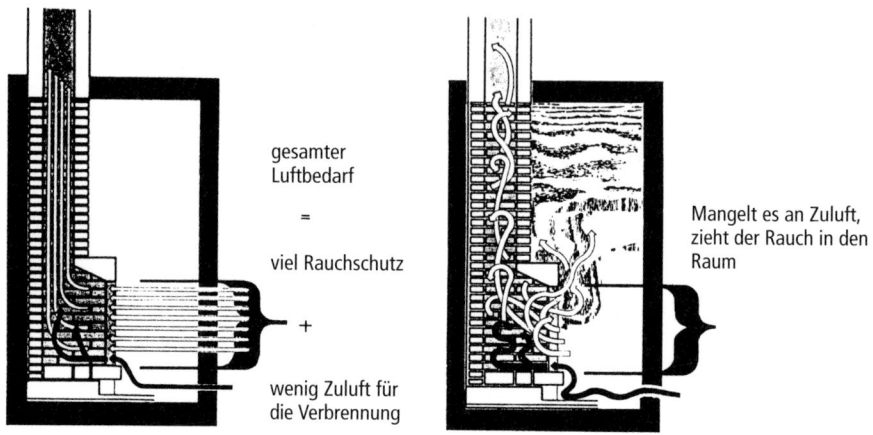

gesamter
Luftbedarf

=

viel Rauchschutz

+

wenig Zuluft für
die Verbrennung

Mangelt es an Zuluft,
zieht der Rauch in den
Raum

60 Der offene Kamin braucht gemessen an der Zuluft für die Verbrennung ein Vielfaches an Rauchschutzluft.

Beim Kauf Ihres offenen Kamins gilt es folgendes zu beachten:

• In einem Raum, in dem ein offener Kamin steht, darf kein anderer Holzofen – also auch kein Kachelofen – betrieben werden.
• Offene Kamine brauchen immer einen eigenen Schornstein.
• Die Feuerraumöffnung soll in einem ausgewogenen Verhältnis zum Wohnraumvolumen stehen (zum Beispiel bei einem Wohnraumvolumen von 70 m³ soll die Kaminöffnung maximal 0,4 m² groß sein).
• Die Rückwand und schräg stehende Seitenwände aus Guß reflektieren Strahlungswärme in den Wohnraum.

Für diese baurechtlichen Vorschriften gibt es einen triftigen Grund: Holzöfen (aber auch Kohle-, Ölofen etc.) entnehmen im Betrieb die Verbrennungsluft dem Wohnraum und erzeugen dadurch einen gewissen Unterdruck. Wenn nun gleichzeitig auch ein offener Kamin in Betrieb

genommen wird, verändert dieser die Druckverhältnisse im Raum derart, daß Rauchgase von einer der beiden Feuerstellen in den Raum gelangen und die Bewohner schädigen kann.

Ein guter offener Kamin erwärmt die von außen einströmende Frischluft bevor sie in den Wohnraum gelangt. Die Frischluft wird hinter den heißen Rauchgasabzügen und hinter den heißen Rückwand- und Seitenwandplatten des Feuerraumes entlanggeführt, bevor sie erhitzt in den Wohnraum gelangt.

Moderne offene Kamine haben meist eine verschiebbare Glasscheibe. Mit dieser kann der Feuerraum geschlossen werden. Sie sind also zugleich Kaminofen oder „Heizkamin" (Heizcheminée). Wenn an einem Sommerabend mehr die Flamme des Feuers als deren Wärme gefragt ist, dann bleibt der Kamin offen. An einem kalten Tag wird die Scheibe geschlossen, um die Heizwirkung zu vergrößern. Bei geschlossener Scheibe soll die Luft am Glas vorbei in den Feuerraum

61 Das sichtbare Kaminfeuer fasziniert. Zur Verbesserung der Verbrennung und des Wirkungsgrades sind moderne Kamine mit einer großformatigen feuerbeständigen Scheibe geschlossen; dank ausgeklügelter Luftführung , z.t. mit Rauchgasgebläse, wird ein geringer Schadstoffgehalt im Abgas erreicht. Foto: Wodke, 72070 Tübingen

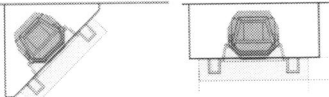

62 Aufbau eines modernen Kamineinsatzes und Einbausituation. Quelle: Wodke, 72070 Tübingen

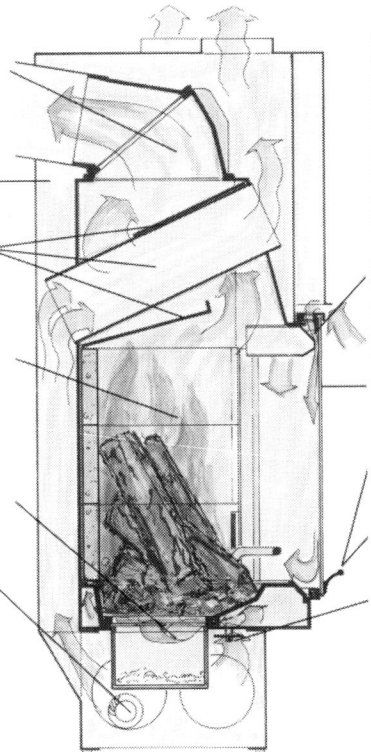

Drehbare Kuppel mit Wechselstutzen aus Gußeisen vergrößert die Wärmetauschfläche und erhöht den Wirkungsgrad zusätzlich

ein zusätzlicher **Konvektionsmantel** verbessert die Warmluftleistung

Gegenstrom-Wärmetauscher und **Umlenkungen** im Feuerrasum nutzen die Abgaswärme effektiv aus und erhöhen den Wirkungsgrad

Der Feuerraum ist nach dem **Grundofenprinzip mit einer rostlosen Muldenfeuerung** auf das schadstoffarme Heizen mit Holz ausgelegt. **Stuttgarter Anforderungen mit CO < 0,2% werden erfüllt**

Mit **Feuerrost und Aschenkasten** können auch Braunkohle-Briketts als Brennstoff eingesetzt werden

Ein besonders leiser **Querstromlüfter** unterstützt die Konvektionsluft und verbessert zusätzlich den Wirkungsgrad. Bei Nichtbetrieb wird der natürliche Auftrieb der Konvektion nicht behindert

Die präzise, **kugelgelagerte Hebemechanik** der Sichtscheibe ist nahezu geräuschlos und läßt sich besonders leichtgängig nach oben schieben

Der elektrisch angetriebene Scheibenlift mit Infrarot-Fernsteuerung bietet einzigartigen Komfort

Sekundärluft fällt als Luftvorhang an der Scheibe nach unten zur Flamme. Schwebende Rußpartikel werden der Verbrennung zugeführt

Großformatige Sichtscheibe aus Keramikglas zeigt das Feuer in seiner ganzen Schönheit

Griff und Seitenblenden in Gold oder Edelstahl veredeln die Optik

Der **Keramikgriff** in verschiedenen Farben paßt zum Keramikprogramm

Die **Thermoregelung** automatisiert die Verbrennungsluftführung und gewährleistet den sauberen Abbrand - **ein wertvoller Beitrag für unsere Umwelt!**

streichen und damit die Verschmutzung der Scheibe verringern.

Schließlich gibt es Wasserbehälter, die in die Rück- oder Seitenwände des offenen Kamins eingebaut sind und über die Warmwasser bereitet oder die Heizungswärme für einen Warmwasserheizkörper gewonnen werden kann.

Brennholz für offenes Feuer

In einem guten Holzofen brennt jedes Holz gleich gut. Für offene Feuer hingegen ist nicht jedes Holz geeignet.

Unerwünschter Funkenflug. Das Holz der Nadelbäume läßt das im Inneren des Holzscheites entstehende Holzgas nicht so leicht heraus. Im heiß werdenden Holzstück kann deshalb ein hoher Gasdruck entstehen, der sich schließlich den Weg nach außen freisprengt. Bei dieser knisternden und knackenden Gasexplosion werden glühende Holzteile abgesprengt und aus dem Feuer geschleudert. Der Funkenflug kann für Teppiche, Möbel und die Kleidung der vor dem Kamin sitzenden Menschen gefährlich werden. Wer auf das knisternde Feuertemperament von Nadelholz nicht verzichten will, sollte deshalb mit einem Funkenschutzglas oder Funkenschutzgitter den Wohnraum vor dem Feuer abschirmen. Fichten- und Tannenholz rußt im offenen Kamin weniger als Kiefernholz.

Heiße Flammen. Das Holz der Laubbäume läßt das Holzgas aus dem Inneren der abbrennenden Holzscheite leichter entweichen. Holzgefügesprengungen mit Funkenflug sind deshalb seltener. Ein gelegentlich knisterndes, viel Strahlungsenergie lieferndes Kaminfeuer kann mit Eichen-, Eschen-, oder Robinienholz versorgt werden. Am ruhigsten verbrennt das Holz der Buchen, der Obstbäume, sowie Ahorn- und Birkenholz. Je heißer das Feuer, um so schneller entwickelt sich in einem aufgelegten Holzscheit viel Holzgas. Kann dieses viele Holzgas nicht schnell genug aus dem Holzstück heraus, dann gibt es auch beim Laubbaumholz Funkenflug. Weil der Aufbau vom Holz der Bäume so individuell ist wie das Aussehen von uns Menschen, ist die Natur stets für Überraschungen gut: Ein offenes Kaminfeuer sollte deshalb nie ohne Aufsicht bleiben.

Ausgewähltes Holz für das Kaminfeuer. Birkenholz ist wegen seiner weißen Rinde ein beliebtes Kaminholz. Andere Holzarten sind jedoch genauso geeignet für's Kaminfeuer. Diese Erkenntnis hat eine begeisterte Anhängerin des offenen Feuers literarisch verewigt: Die berühmte französische Romanschriftstellerin Sidonie-Gabrielle Colette (1873 bis 1954) schrieb in „La Retraite Sentimentale":

„Ich lese oder spiele mit dem Feuer...,
ich rüttle die Glut...,
ich wähle die Scheite im Kasten, wie
man seine Lieblingsbücher wählt!"

Damit Sie es genauso machen können, müssen Sie sich mit mehreren Holzarten eindecken. Eine mögliche Auswahl kann so aussehen:

- Birkenholz der schönen Rinde wegen,
- Buchenholz (oder Ahorn- bzw. Obstbaumholz) der Wärme zuliebe,
- Eschen- oder Eichenholz für die lebhaften, knisternden Flammen.

84

Kaminofen

Ein Kaminofen ist ein offener Kamin mit Türen, um den Feuerraum zu schließen. Die in die Wand eingebauten Kaminöfen (auch Warmluftkamine genannt) ähneln mehr einem offenen Kamin, die freistehenden Kaminöfen erscheinen eher als Ofen.

Wird der Feuerraum mit den Türen geschlossen, sinkt der Warmluftabfluß aus dem Wohnraum, dadurch steigen Wirkungsgrad und Heizleistung stark an. So ist der Kaminofen das Ergebnis einer romantischen Vernunft: Mit offenen Türen kann die Faszination des offenen Holzfeuers eingefangen werden, mit geschlossenen Türen wird der Brennstoff Holz besser ausgenutzt und eine höhere Heizleistung erzielt. Mancher Besitzer eines technisch zu einfachen und deshalb schlecht heizenden offenen Kamins hat sich deshalb schon einen Kaminofen als Heizeinsatz in den Feuerraumbereich des offenen Kamins einbauen lassen. Beim Anheizen wird die Feuerraumtür solange geschlossen, bis das Feuer richtig brennt. Der Holzstoß zündet schneller,

63 Diese handliche Form des Kaminofens erfreut sich großer Beliebtheit.
Quelle: Jotul GmbH, Viernheim

64 Ein Kachelofen-Heizeinsatz (hier mit 2-stufiger Verbrennungsführung) läßt vielfältige Formen von Kachelöfen zu.
Quelle: Openfire Rösler Kamine GmbH, Behringstr. 1-3, 63303 Dreieich-Offenthal

weil die Temperatur im Brennraum rascher ansteigen kann. Wenn das Feuer richtig brennt, ist ein ungetrübter Genuß des Flammenspiels vom Holzfeuer durch Öffnen der Türen möglich. Soll nach den gemütlichen Kaminstunden der Rest des Feuers ohne Aufsicht herunterbrennen, werden die Feuerraumtüren wieder geschlossen, zumal mit geschlossenen Türen die Wärme länger im Wohnraum bleibt. In die Wand eingebaute Kaminöfen brauchen eine technisch ausgereifte Warmluftumwälzung, damit auch die in die Wand abgegebene Wärme in den Wohnraum geführt wird. Frei stehende

Kaminöfen haben diese Probleme nicht. Sie geben ihre Wärme rundum in den Wohnraum ab.

Gußeiserne Feuerraumtüren sind robust und strahlen die Wärme gut ab. Türen aus feuerfestem Glas machen auch bei geschlossenem Ofen das Feuer sichtbar, verschmutzen jedoch leicht, verziehen sich eher, klemmen dann oder brechen gar. Kaminöfen mit Warmhaltefach können zum Rösten der Bratäpfel oder zum Wärmen der Speisen genutzt werden. Wenn Sie den Kaminofen mit offenen Feuerraumtüren betreiben, sollten Sie sich an die Kaminholzhinweise halten.

Kachelofen

Fast jeder Ofentyp mausert sich – äußerlich – zum Kachelofen, wenn man ihn mit Kacheln verkleidet. Wer wissen will, welche Eigenschaften ein Kachelofen hat, der muß unter das Kachelkleid schauen.

Der gute Ruf des Kachelofens rührt von seinem hohen Strahlungswärmeanteil her und dieser ist eine Folge der gro-

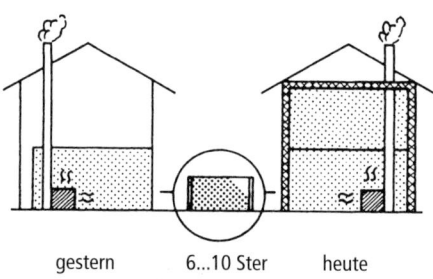

gestern   6...10 Ster   heute

65 Wärmedämmung spart Energie. Bei gutem Wärmeschutz lassen sich heute Einzelöfen vielseitiger einsetzen als früher.   Quelle [2]

ßen, dem Raum zugewandten Ofenoberfläche. Deshalb darf daran nicht gespart werden. Soll die Strahlungswärme richtig zur Geltung kommen, muß der Ofen überall im Zimmer sichtbar sein, denn nur dorthin, wo er zu sehen ist, kann auch die Wärmestrahlung gelangen.

Die gebrannten Tonkacheln leiten Wärme langsamer als Metall. Dadurch verbrennt man sich an den heißen Kachelwänden nicht so schnell die Hände. Anstelle von Kacheln oder Keramik werden auch Natursteine verwendet. Öfen mit Specksteinoberflächen lassen sich gut bearbeiten und können so den Wünschen des Käufers in Form und Wanddicke angepaßt werden.

Empfehlenswert sind Frischluftkanäle zum Ofen, durch welche die als Ersatz für die Verbrennungsluft notwendige Frischluft von außen einströmend in der Kachelwand erwärmt wird, bevor sie in Bodennähe als Warmluft in den Wohnraum gelangt.

Kachelgrundofen

Die ursprüngliche Bauart des Kachelöfen ist der Grundofen, ein aus Stein gemauerter, irdener Ofen mit einem Gewicht von rund einer Tonne oder mehr. Diese große Masse führt zu einer hohen Wärmespeicherkapazität. Durch die hohe Speicherkapazität dauert es zugleich auch recht lange, bevor ein kalter Ofen aufgeheizt ist und genügend Wärme an den Raum abgibt. Dann allerdings strahlt der Ofen, auch nachdem das Feuer erloschen ist, noch eine Zeit lang Wärme ab. Deshalb sind Grundöfen für ständig zu beheizende Räume geeignet. Ein kurzes Aufheizen am Abend ist bei diesen schweren Öfen nicht sinnvoll bzw. möglich. Mit einem deutlich „abgespeckten" und damit leichteren gemauerten Kachelgrundofen werden die Nachteile des Übergewichts vermieden. Diese leichten Kachelöfen nach dem Grundofenprinzip gewinnen zunehmend Freunde.

Der Kachelgrundofen ist in der Regel eine Feuerstätte mit oberem Abbrand beziehungsweise horizontalem Durchbrand. Diese Feuertechnik ist für das Holz ein wenig besser geeignet als der vertikale Durchbrand der Kohleöfen. Die Abbrandgeschwindigkeit der Holzkohle kann über die Regelung des Aschevolumens gesteuert werden. Außerdem führt die Ausschamottierung der Brennkammer im Kachelofen zu einer hohen Brennkammertemperatur und damit zu einem befriedigenden Ausbrennen des Holzgases. Die langen Rauchgaszüge im Kachelofen als Reaktionswege unterstützen diesen Ausbrand. Die großen Wärmetauschflächen entlang der langen Rauchgaszüge sichern ein gutes Ausnützen der heißen Rauchgase.

Die langen Rauchgaszüge brauchen allerdings zunächst viel Wärme, bis sie aufgeheizt sind, und geben, wenn das Feuer schon geraume Zeit erloschen ist, noch einen Teil der gespeicherten Wärme in den natürlichen Schornsteinzug ab. Dies führt zu entsprechenden Wärmeverlusten.

Wie alle Dinge haben auch die scheinbar für die Ewigkeit gemauerten irdenen Kachelgrundöfen nur eine begrenzte Lebenserwartung. Je häufiger ein Grundofen aus dem kalten Zustand her angeheizt wird, desto kürzer ist seine Lebensdauer. Beim Aufheizen und Auskühlen treten feine Spannungsrisse auf. Diese Haarrisse bilden sich an der schwächsten Stelle, das sind die Verbindungsfugen der Kacheln. Steht der Ofen gar einige Tage still, dann kann das Ofenmauerwerk

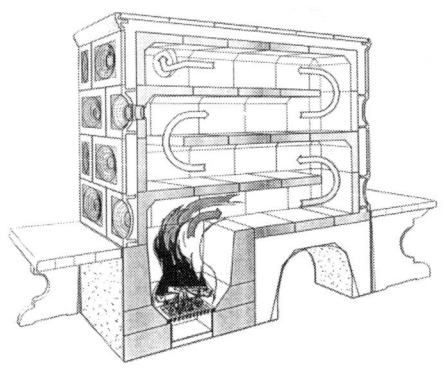

66 Der Kachelgrundofen.
Quelle: KSW, Goosmann GmbH, Hamburg

67 Ein Kachelgrundofen mit gemauerten
Heizgaszügen und eisernem Heizeinsatz
(KE 03.8 der Fa. Wodke), ein nützliches
Schmuckstück im Wohnraum.
Foto: Wodtke GmbH, 72070 Tübingen

68 Beim Warmluft-Kachelofen wird um
einen modernen Holzofen ein Kachelkleid gemauert.
Quelle: Rink-Kachelofen GmbH,
Am Klangstein 18, 35708 Haiger

Feuchtigkeit aus der Umgebungsluft aufnehmen, die beim Anheizen wieder ausgetrieben wird. Der Ofen treibt diese
Feuchtigkeit – vor allem wenn glasierte
Kacheln seine Oberfläche bilden – durch
die Kachelfugen. Dies kann die Riß-
bildung verstärken. Deshalb kann ein
gemauerter Kachelofen nach zwei Jahr-
zehnten so aus den Fugen geraten sein,
daß man ihn neu aufmauern muß. Trotz
dieser Nachteile gegenüber den langlebi-
geren eisernen Öfen schenken viele Menschen dem Kachelgrundofen wegen sei-
nes hohen Strahlungswärmeanteils mehr
Zuwendung.

Warmluftkachelöfen

Wer im Frühjahr oder Herbst schnell und
nur für einige Abendstunden sein Wohn-
zimmer heizen will, für den ist der langsame Grundofen zu schwerfällig und der
Warmluftkachelofen besser geeignet. Dieser Leichtgewichtler verursacht normalerweise auch keine baustatischen Probleme, während der schwere Grundofen die

Tragfähigkeit mancher Decken überfor-
dern würde.

Um einen modernen Holzofen, den
Heizeinsatz, wird ein Kachelkleid gemauert. Der technische Zweckbau des Holzofens wird damit geschmackvoll ver-
steckt. Gerade für diesen Ofen gilt: „Klei-
der machen Leute". Am Boden werden
in der Regel Luftkanäle offen gelassen,
durch die kühle Raumluft hinter den
Kachelmantel strömen kann. Vom Ofen
erhitzt steigt sie in breiten Luftkanälen
zwischen Ofen und Kachelwand auf und
strömt oben durch Warmluftgitter wieder aus dem Kachelmantel heraus.

Kachelofen-Spezialitäten

Es gibt Kachelöfen mit Warmwasser-
erwärmungseinsätzen, von denen aus
Wärme auch in entlegene Räume transportiert werden kann. Schließlich gibt es
Kachelöfen mit Luftkanälen und Venti-
latoren, bei denen über den „Wärmeträger Luft" entferntere Räume mit Wärme versorgt werden.

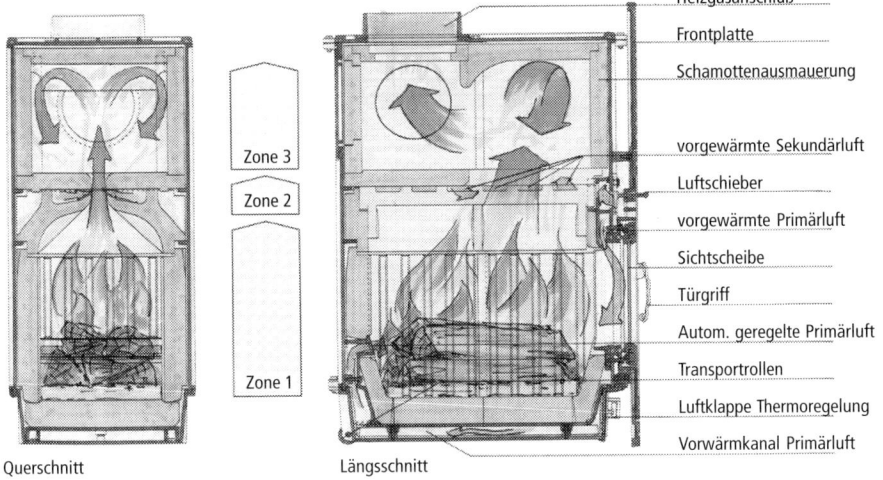

Querschnitt · Längsschnitt

Heizgasanschluß
Frontplatte
Schamottenausmauerung
vorgewärmte Sekundärluft
Luftschieber
vorgewärmte Primärluft
Sichtscheibe
Türgriff
Autom. geregelte Primärluft
Transportrollen
Luftklappe Thermoregelung
Vorwärmkanal Primärluft

Zone 3
Zone 2
Zone 1

69 Querschnitt durch einen Kachelofen-Heizeinsatz („Thermoplus KE 03.8, der Fa. Wodke).
Quelle: Wodtke GmbH, 72070 Tübingen

Auf dem Markt befinden sich Kachelofenzwerge, die mehr ein gemauerter Zimmerofen sind. Sie können von einem Heimwerker in kurzer Zeit aufgemauert werden. Diese Öfen sind schnell aufheizbar, weil sie wenig Masse haben. Dank der hohen Oberflächentemperatur können sie einen hohen Strahlungswärmeanteil erreichen.

Steinbackrohr

Das Steinbackrohr ist dem alten Holzbackofen nachempfunden. Es wird hier mit der „fallenden Hitze" gebacken, und zwar folgendermaßen:

Zunächst wird der Ofen mit einem Holzfeuer aus feinem Holzreisig und gut gespaltenem Holz hochgeheizt. Die Steinummauerung der Backröhre erhitzt sich stark und speichert die Wärme. Wenn das Holz ausgebrannt ist, wird die heiße Holzasche an den Rand der Backröhre gekehrt, die Backfläche wird sauber gemacht (zum Beispiel mit einem feuchten „Pudel" – also einem großen Putzlappen). Dann wird das zu backende Gebäck in den Backofen „eingeschossen". Das Backgut backt in dem sich nur ganz langsam abkühlenden Ofen. Ein Verbrennen ist selten, weil der Ofen nicht heißer, sondern allmählich kühler wird. Wenn das Backgut zum richtigen Zeitpunkt eingeschossen ist, wird es gar gebacken und dann noch warm gehalten, bis es serviert werden soll. Backdünste dringen nicht nach außen, sondern werden durch den Kaminzug mit dem Rest des schwachen Holzrauches abgezogen. Wichtig sind die richtigen „Einschußtemperaturen". Im allgemeinen wird für Brot 250°C, für Apfelkuchen 200°C und für Pizza 160°C empfohlen.

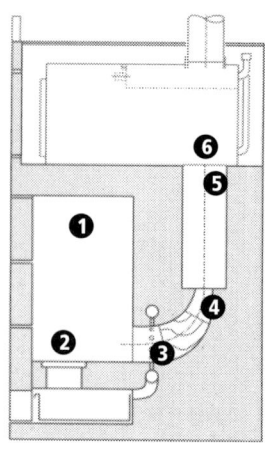

70 Der Grundaufbau des Chiquet-Kachelofens, der mit einem neuartigen Heizeinsatz für schadstoffarme Verbrennung ausgerüstet ist. Je nach Wärmebedarf kann der Ofen im Erdgeschoß durch einen Backofen, einen Wasser-Wärmetauscher oder durch gemauerte Heizzüge erweitert werden. Quelle [3]

1 Feuerraum.
2 Die Primärluft unterhält auf dem Glutbettboden das Primärfeuer.
3 Die Sekundärluft trifft auf die unvollständig verbrannten Schwelgase des Primärfeuers.
4 In der Mischkammer werden die Schwelgase mit der Sekundärluft vermischt.
5 In der Nachbrennkammer wird die Gasmischung bei Temperaturen um 1'000°C vollständig verbrannt.
6 An der Mündung der Nachbrennkammer ist der Verbrennungsprozeß abgeschlossen. Erst hier beginnt die aktive Wärmenutzung, zum Beispiel mit einem Wärmetauscher.

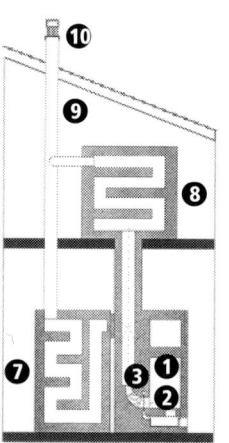

71 Durch den Einsatz eines Abgasventilators können die Abgase bis auf ca. 100°C abgekühlt werden. Dadurch läßt sich der Chiquet-Ofen um Satelliten-Wärmespeicher in anderen Räumen oder im Obergeschoß erweitern, so daß die Heizung des ganzen Hauses möglich ist.   Quelle [3]

1. Füllraum/Vergasungsszone
2. Glutbettboden
3. Sekundärluft
4. Mischkammer mit Turbolator
5. Nachbrennkammer
6. Backofen
7. Erweiterter Speicher (evtl. Sitzkaust)
8. Satellitenspeicher
9. Kamin
10 Abgasventilator

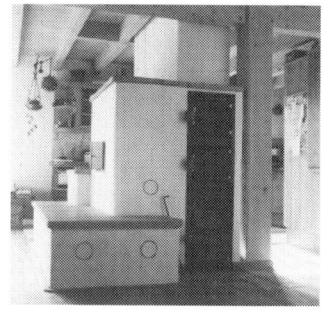

72 Den Gestaltungsmöglichkeiten sind beim Chiquet Speicherofen kaum Grenzen gesetzt. Quelle [3]

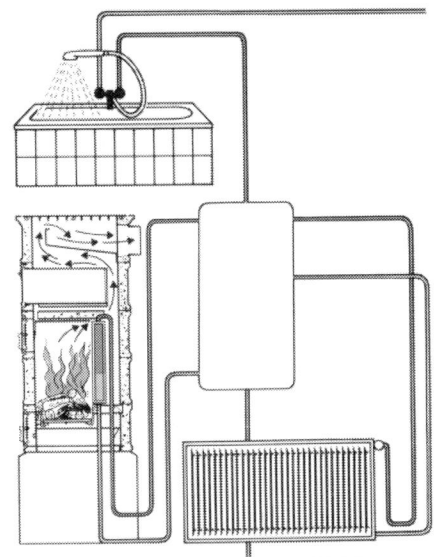

73 Ein Heizkessel mit aufgesetztem Wärmetauscher als Brennkammer eines Kachelofens (Nennleistung 18 kW). Dieser „Stubenkessel" kann die Wärme sowohl über den aufgesetzten Wärmetauscher an einen Wasser-Wärmespeicher als auch über nachgeschaltete keramische Heizgaszüge an den Raum abgeben. Die Luftzufuhr kann elektronisch dosiert werden.
Quelle: Fa. Ulrich Brunner GmbH, 84307 Eggenfelden

74 Schema eines Kachelofens mit eingebautem Wasser-Wärmetauscher zur Brauchwasserbereitung und Versorgung einiger Heizkörper.
Quelle: Rink-Kachelofen GmbH, Am Klangstein 18, 35708 Haiger

Betrieb mit aufgesetztem Wärmetauscher,

Betrieb mit keramischen Heizzügen.

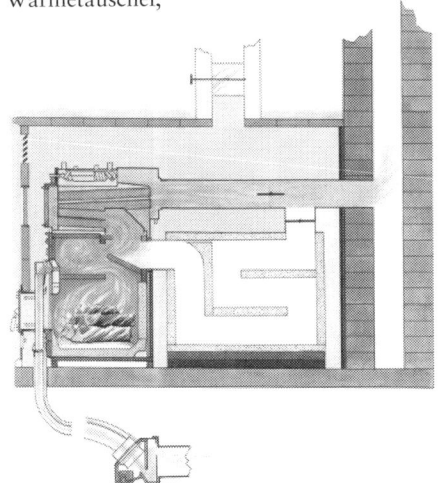

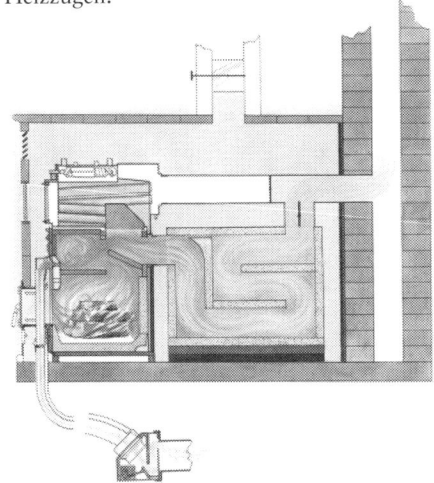

Holz-Zentralheizungskessel

Zentralheizungskessel arbeiten mit Wasser als Wärmeträger. Mit warmem Wasser können relativ große Energiemengen in jeden Raum des Hauses gepumpt und dort über Heizkörper an die Raumluft übertragen werden. Der Vorteil dieser Anlage besteht sowohl darin, daß ein Ofen mehrere Räume beheizen und das Brauchwasser erwärmen kann, als auch darin, daß der Heizraum und der dort anfallende Schmutz von den Wohnräumen klar getrennt ist.

Ein Holzheizkessel hat wie jeder gute Holzofen die gleichen drei Bauteile: Holzspeicher, Brennkammer und Wärmetauscher. Der Unterschied besteht lediglich in der Ausführung des Wärmetauschers, der die Ofen-Wärmeenergie an Wasser anstatt an Luft überträgt. Dies erfordert etwas mehr Technik und meist auch den Einsatz von Strom (für die Wasserum-

wälzpumpe und die Steueranlage). Deshalb ist diese Heizung keine autarke Wärmemaschine, denn sie fällt bei Unterbrechung der Stromversorgung aus. Außerdem können Wasserheizungen einfrieren, wenn sie während des Winterurlaubs stillstehen.

Die Wandtemperatur des Wärmetauschers wird von der Wassertemperatur bestimmt. Sie steigt nicht über 100°C. Wegen dieser niedrigen Temperatur muß der Wärmetauscher deutlich abgegliedert hinter einer großen Brennkammer liegen, damit die Holzgase schon vollständig ausgebrannt sind, bevor sie an den relativ kalten Wärmtauscherwänden abkühlen. Außerdem muß durch einen besonderen Kesselwasserkreis sichergestellt werden, daß nur dann Wärme in den Heizungskreislauf oder in den Brauchwasserteil

75 Heizkessel mit Naturzug: Stückholzkessel HDG Bavaria.
Quelle: HDG Bavaria, Landtechnik Weihenstephan, 85354 Freising

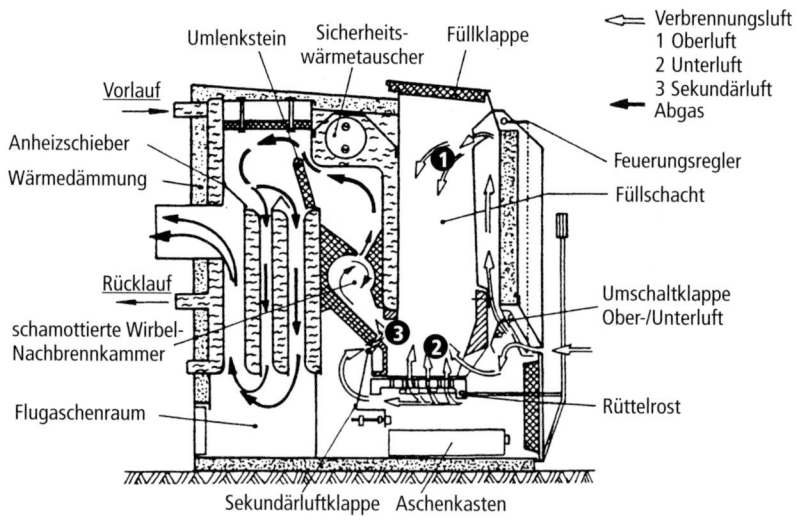

abgegeben wird, wenn der Kesselwasserkreis mindestens 80°C heiß ist. Dadurch werden die Wärmetauscherflächen relativ warm gehalten, womit die Gefahr von Kondenswasserniederschlag verhindert und Holzteerausfälle verringert werden.

Beim Wasserkreislauf werden offene und geschlossene Anlagen unterschieden. Eine *offene Anlage* besitzt ein Überlaufgefäß über dem höchstgelegenen Heizkörper, das zur Atmosphäre (Luft) hin offen ist. Der Wasserdruck in dem System entspricht der Höhe der Wassersäule über dem zu messenden Punkt.

Eine *geschlossene Anlage* muß eine thermische Ablaufsicherung aufweisen, die vielfach als Kühlschlange im Kesselwasser ausgeführt wird. Falls die Temperatur über 95°C ansteigt, läuft Kaltwasser aus der Wasserleitung durch diese Kühlschlange, entzieht dem Kesselwasser Wärme und fließt als Heißwasser in den Abfluß. Diese Energieverschleuderungsmaschine sollte jedoch nie ihren Betrieb aufnehmen müssen.

Steht der Holz-Zentralheizkessel im Kellergeschoß, dann kann möglicherweise der Kessel so hoch aufgestellt werden, daß mit dem Schubkarren unter die Aschenkastentür gefahren werden kann. Außerdem kann der Füllschacht bei Unterbrandkesseln bis zum Boden des Erdgeschosses verlängert werden. Dadurch steigt das Füllschachtvolumen, und das bodenebene Einfüllen des Holzes vom Erdgeschoß aus ist bequem.

Achten Sie beim Kesselkauf darauf, daß alle manuell zu reinigenden Flächen durch Reinigungsöffnungen gut zugänglich sind. Je häufiger Hand angelegt werden muß, um so leichter soll der Zugang sein. Wichtig ist, daß auch bei Schwachlast (bis auf 30 bis 40%) die Ablagerungen im Wasserregister gering sind.

Holzheizkessel im separaten Heizraum müssen gut gegen Wärmeverluste isoliert

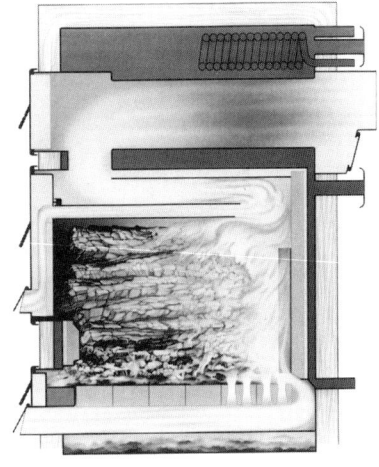

76 Scheitholzkessel für Holzscheite bis 50 cm Länge (Kesselleistung 20 – 30 kW). Foto: Viessmann Werke, 35108 Allendorf/Eder

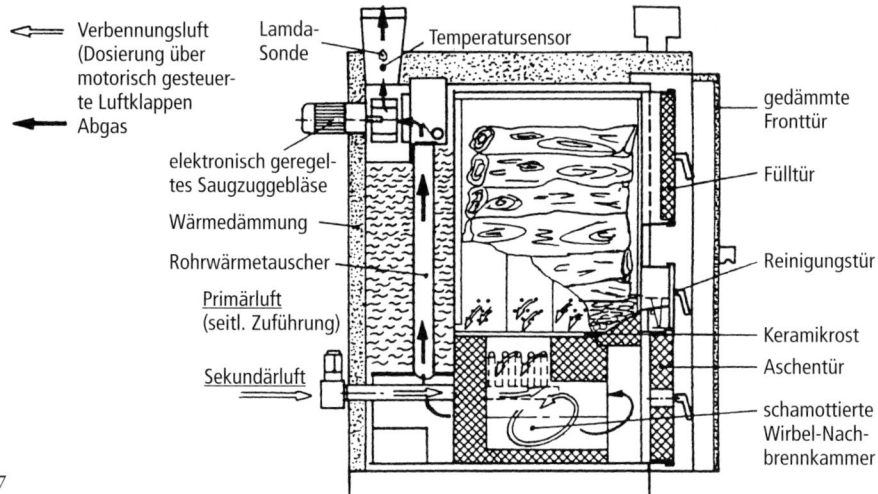

Verbennungsluft (Dosierung über motorisch gesteuerte Luftklappen

Abgas

Lamda-Sonde

Temperatursensor

elektronisch geregeltes Saugzuggebläse

Wärmedämmung

Rohrwärmetauscher

Primärluft (seitl. Zuführung)

Sekundärluft

gedämmte Fronttür

Fülltür

Reinigungstür

Keramikrost

Aschentür

schamottierte Wirbel-Nachbrennkammer

77
Heizkessel mit
geregeltem Gebläse:
Stückholzkessel Fröling FH-G Turbo
Quelle:
Fröling FH-G Turbo, Landtechnik
Weihenstephan, 85354 Freising

78
Heizkessel für Stückholz,
Leistungsgrößen von 8 kW bis 120 kW.
Quelle: KÖB & Schäfer, A-6922 Wolfurt

sein, denn die im Heizraum vorhandene Wärme ist verloren. Manche empfehlen deshalb, den Holzzentralheizkessel im Wohngeschoß aufzustellen; man kann ihn mit Kacheln umkleidet als „Kachelofen" im Wohnraum sichtbar so einbauen, daß er vom Flur aus mit Holz beschickt werden kann. So wird die Wärmeabstrahlung zur Heizung genutzt.

In *Wechselbrandkesseln* kann abwechselnd mit Holz und zum Beispiel mit Öl geheizt werden. Wer einen für Holz gut geeigneten Ofenteil will, braucht zumindest einen Wechselbrandkessel mit zwei Teilen, nämlich einem Holzspeicher- und Brennkammerteil und einer Ölbrennkammer. Während beim Wechselbrandkessel die Rauchgase des Ölbrenners durch die Holzbrennkammer ziehen, trennt der *Doppelbrandkessel* die beiden Ofenarten. Bei ihm sind Holzbrenner und Ölbrenner vollständig getrennt bis zum Schornstein. Beide Kesselteile erwärmen denselben Kesselwasserkreis. Da der Holz- und Ölofenteil an einen eigenen

Schornstein angeschlossen wird, können die beiden einander ergänzen, indem der Ölbrenner anspringt, sobald der Holzofen nicht mehr genug Wärme liefert. Weil auch der Kesselwasserkreis des nicht betriebenen Ofens ebenfalls warm gehalten wird, entstehen möglicherweise höhere Wärmeverluste als bei im System getrennten Anlagen mit eigenen abschaltbaren Kesselwasserkreisläufen.

In manchen Bundesländern dürfen Öl- und Holzheizkessel an denselben Schornstein angeschlossen werden, wenn bestimmte Bedingungen erfüllt sind. Beispielsweise muß

- der Ölbrenner bei offener Holz-Fülltür oder wenn der Holzofen brennt, abgeschaltet sein,
- das Ofenrohr der Ölheizung unter dem der Holzheizung in den Schornstein münden,
- ein Ofenrohrwinkel von mindestens 30° Steigung vorhanden sein,
- der Schornsteinquerschnitt mindestens ie 1,5-fache Ölbrennerleistung verkraften und beide Öfen ein bestimmtes Nennleistungsverhältnis aufweisen.

Informieren Sie sich deshalb gründlich bei ihrem Bezirksschornsteinfeger.

Holz-Speicherheizung

In jedem Holzofen wird die für diesen Ofen beste Verbrennung nur erreicht, wenn der Ofen mit voller Leistung brennen kann. Im allgemeinen wird die Leistung einer Feuerstelle für den Wärmebedarf an den kältesten Tagen im Jahr bemessen. Deshalb ist die Kesselleistung

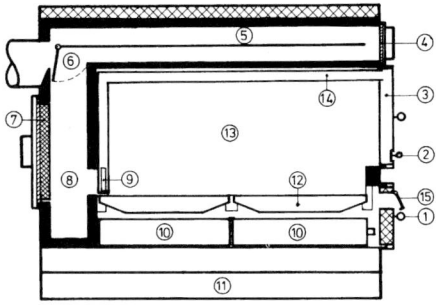

1 Aschentüre mit Primärluftklappe
2 Sekundärlufteintritt stufenlos regulierbar
3 Fülltüre doppelwandig, luftgekühlt
4 Reingungsöffnung für die Nachschaltheizfläche
5 Nachschaltheizfläche
6 Umschaltklappe für Anfahrbetrieb
7 Inspektionsklappe voll isoliert für Nachbrennkammer
8 Nachbrennkammer
9 Sekundärluftaustritt
10 Aschenkasten
11 Transporttraverse und Kesselsockel
12 Einzelroststäbe aus hitzebeständigem Chromguß
13 großvolumige Brennkammer
14 Sekundärluftkanal
15 Primärluftöffnung

79 Holzkessel mit liegender Brennkammer für Meterscheite.
Quelle: Fa. Koch-Heizungstechnik, 83308 Trostberg

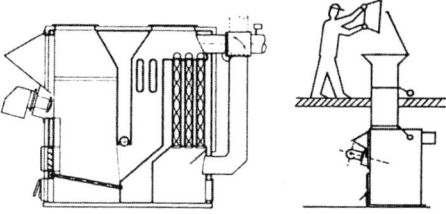

80 Wechselbrand-Heizkessel mit unterem Abbrand; der Füllschacht kann bis zur nächsten Stockwerksebene verlängert werden.
Quelle: Zirngibl GmbH, 77855 Achern

95

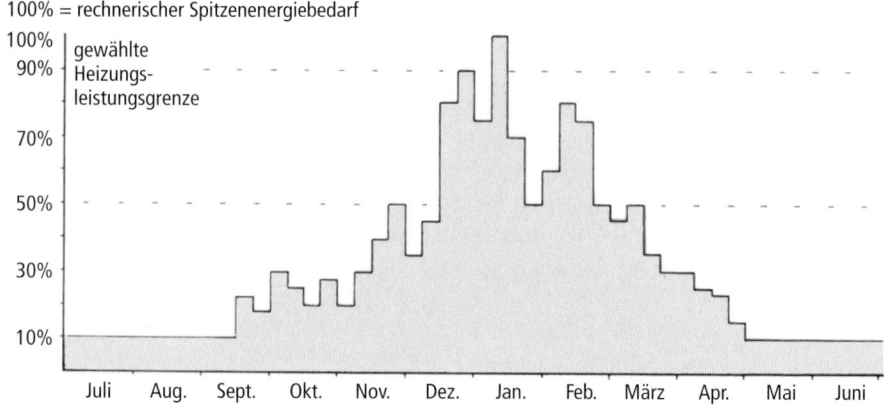

100% = rechnerischer Spitzenenergiebedarf

81 Wärmebedarf im Jahresverlauf bei einer Warmwasser-Zentralheizung.

an 95% der Tage im Jahr erheblich größer als der tatsächliche Wärmebedarf. Würde der Holzofen in dieser Zeit auch mit seiner vollen Leistung betrieben, wäre das Haus überheizt, käme das Kesselwasser zum „Überkochen" (Überlaufen), würde die Energie verschleudert oder die Anlage litte Schaden. Das angenommene Auslastungsbeispiel (Abb. 80) zeigt: Im Jahresdurchschnitt wird in über 50% der Heizperiode weniger als die halbe Nennleistung der Feuerstelle gebraucht. Diesem Problem der schlechten Leistungsauslastung kann durch zwei Maßnahmen begegnet werden.

• *Kesselleistung 10% niedriger als der Spitzenbedarf wählen:* Zunächst sollte beim Kauf des Ofens die Kapazität 10% unter dem rechnerischen Spitzenwärmebedarf gewählt werden. Dadurch kann es an wenigen Tagen im Jahr im Haus ein klein wenig kühler werden, aber erfrieren wird deshalb niemand. Meist genügt es für diese Spitzentage schon, wenn ein oder zwei

wenig genutzte Zimmer etwas schwächer geheizt werden.

• *Periodischer Vollastbetrieb und Speicherung der Wärme:* Solange das Holzfeuer brennt, wird das Feuer auf voller Leistung gehalten. Dadurch wird mehr Wärme erzeugt, als augenblicklich von den wärmeverbrauchenden Heizkörpern und der Warmwasserbereitung abgerufen wird. Die nicht gebrauchte Wärme wird einem Wärmespeicher zugeführt. Wenn dieser Wärmespeicher voll, d.h. auf 90°C aufgeheizt, ist, wird das Holzfeuer abgestellt. Die danach benötigte Wärme wird nun dem Wärmespeicher entnommen.

Mit der Holzheizung mit Pufferspeicher kann die sehr nachteilige Schwachlastfeuerung weitgehend vermieden werden. Weil beim schwachen Holzfeuer, dem Schwelbrand, die Holzbestandteile nur unvollständig verbrennen, treten im Ofen und im Schornstein unverbrannter Ruß sowie Teer- und Pechablagerungen auf. Beim Schwelbrand kann außerdem Kondensat entstehen, das die Ofenteile an-

96

greift. Im Ergebnis ist ein größerer Unterhalt der Anlage erforderlich, hat der Ofen eine kürzere Lebenserwartung und wird der energiereiche Brennstoff nur unvollkommen ausgenutzt. Eine den periodischen Vollastbetrieb ermöglichende Holzspeicherheizung führt folglich zu einem besseren Wirkungsgrad, geringerem Unterhaltungsaufwand, längerer Lebensdauer.

Zugleich steigt der Bedienungskomfort, weil man anstelle des Zwanges zur zeitlich regelmäßigen Beschickung den Ofen dann füllen und aufheizen kann, wenn man dafür Zeit hat. Weil das Holzgas bei Vollastbetrieb (fast) vollkommen ausbrennt – jedenfalls in einem guten Holzofen –, kann mit der Speicherheizung auch die Umweltbelastung und die Belästigung der Nachbarn durch Schwelgase und Ruß vermieden werden.

Als Pufferspeicher werden in der Regel stehende Stahltanks eingesetzt, bei

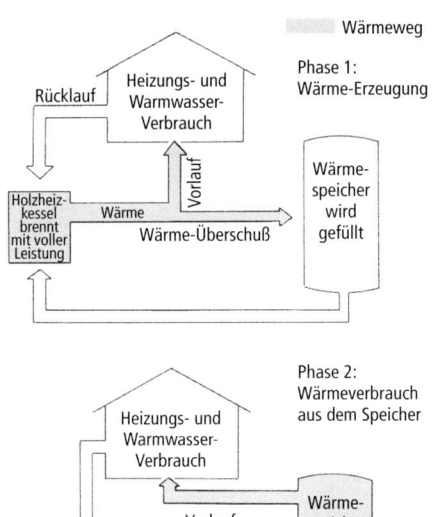

82 Funktionsprinzip der Holzspeicherheizung.

83 Holzheizung mit Pufferspeicher in Kombination mit einer Solaranlage
Quelle: Centrale Marketinggesellschaft der deutschen Agrarwirtschaft mbH, 53177 Bonn

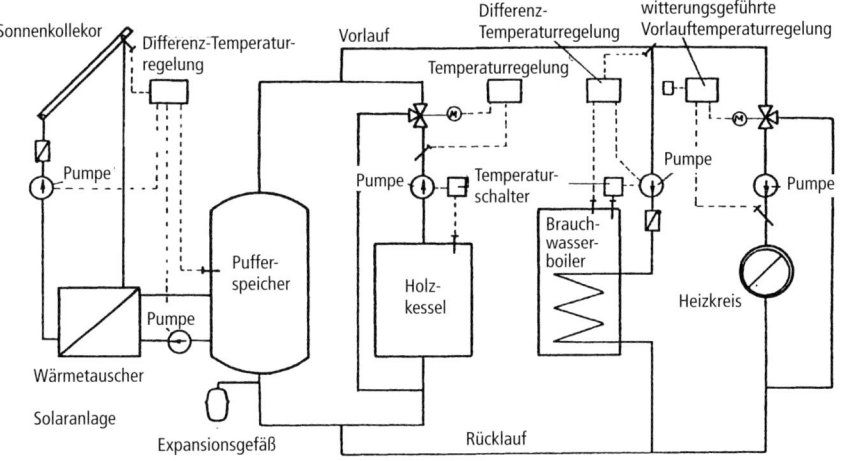

denen das heiße Wasser aus dem Holzkessel von oben in die Tanks gedrückt wird, während kaltes Wasser aus dem unteren Teil des Speichers zurück zum Kessel fließt. Zur Entnahme von gespeicherter Wärme wird der Kreislauf umgekehrt, also heißes Wasser für die Heizung oben aus dem Speicher entnommen und das abgekühlte Wasser des Heizungsrücklaufes unten in den Speicher zurückgeführt. Durch diese Regelung bleibt die Temperaturschichtung im Speicher weitgehend erhalten. Der Pufferspeicher soll grundsätzlich nur mit heißem Wasser – also mit Wasser über 80°C – geladen werden, weil bei einem zu niedrigen Ladetemperaturen die Temperaturschichtung durcheinandergebracht werden kann. Die Ausdehnungsgefäße müssen bei einer Speicherheizung größer bemessen sein.

Als Speicherkapazität sollten 100 bis 180 l Wasser je kW Nennheizleistung vorgesehen werden, für ein Einfamilienhaus also zwischen 1.500 und 3.600 l. Anders ausgedrückt sollte der Speicher mindestens den Wärmebedarf des Hauses an einem durchschnittlichen Wintertag aufnehmen.

Der Stellplatz für den Pufferspeicher sollte beim Neubau möglichst von vornherein mit eingeplant werden; günstig ist die Aufstellung im zu heizenden Hausteil, damit auch die unvermeidlichen Wärmeverluste des Pufferspeichers genutzt werden können.

Der Wärmespeicher ist zwar teuer, dafür kann aber ein knapp ausgelegter und deshalb billigerer Holzheizkessel gewählt werden. Dies hat den Vorteil, daß der Holzheizkessel viel häufiger mit seiner Nennleistung betrieben werden kann und damit einen höheren Wirkungsgrad erreicht. Trotz dieser knappen Auslegung des Kessels muß man auch an extrem kalten Tagen nicht frieren, weil der Spitzenwärmeverbrauch während des Tages teilweise dem Speicher entnommen werden kann, der nachts durch Überschußwärme wieder aufgefüllt wird.

Die maximale Speichertemperatur kann zwischen 80 und 95°C liegen. Die aus dem Speicher entnehmbare Wärmeenergie Q läßt sich nach folgender Formel errechnen:

$$Q = 1,16 \text{ kWh je } 1.000 \text{ Liter und je Grad C}$$

Beispiel: Bei einem Speichervolumen von 2.500 l und einer nutzbaren Temperaturdifferenz von 30°C (Entladung von 80°C auf 50°C) beträgt die nutzbare Wärmeenergie:

$$Q = 1,16 \text{ kWh/m}^3 \cdot 2,5 \text{ m}^3 \cdot 30°C$$
$$= 87 \text{ kWh}.$$

Günstig ist die Kombination einer Holzspeicherheizung mit einer Wärmepumpe oder einer Solaranlage, weil der Speicher von den Wärmeerzeugern wechselweise genutzt werden kann.

Eine überschüssige Wärme der Solaranlage im Hochsommer kann zur Trocknung des Holzes bzw. der Hackschnitzel verwendet werden, wenn unter dem Schnitzelbunker eine Bodenheizung verlegt wird.

Automatische Holzheizungen

Voraussetzung für eine automatische Holzheizung sind leicht transportierbare Holzstücke. Deshalb arbeiten die meisten Anlagen mit Holzhackschnitzeln. Das häufig verwendete Wort „Stoker" (engl.) bedeutet „Heizer" Es kann für alle automatischen Holzheizungen verwendet werden, bei denen die Hackschnitzel durch eine motorgetriebene Zuführung in den Feuerraum gelangen.

Automatischer Ofen für Holzpresslinge

Automatisch arbeitende Holzheizungen gibt es inzwischen auch für kleine Leistungen, wie das Beispiel des Zimmerofens für Holzpellets in Abb. 83 zeigt.

Die in den Vorratsbehälter eingefüllten Pellets reichen (meistens) für einen vollen Tag; in der weniger kalten Übergangszeit sogar für drei bis vier Tage. Eine

Leistungsstufen:
zwischen 2,2 und 8 kW, werden direkt am Gerät, über Fernsteuerung oder einen Raumthermostat gewählt

Dauerbrenner:
eine Behälterfüllung mit 50 kg Pellets ermöglicht bis zu 90 Stunden Dauerbetrieb

Ökologischer Brennstoff:
Holzpelllets sind naturbelassen, sauber und trocken, nur ca. 6 8% Restfeuchte

Komfortabel:
vollautomatisch fördert die Schnecke den Brennstoff zum Brenner

Sicher:
das Absauggebläse sorgt mikroprozessorgesteuert immer für die richtige Funktion

Bequem:
die programmierte, automatische Reinigungsfunktion hält den Brennertopf länger sauber

Effizient:
im Dauerbetrieb bis zu 90% Wirkungsgrad

High Tech:
Mikroprozessorsteuerung sorgt für die kontrollierte Verbrennung und eine sauber Umwelt

Faszination des Feuers:
große Sichtscheibe für freien Blick auf's Flammenspiel und behagliche Atmosphäre

Umweltfreundlich:
saubere Verbrennung durch speziellen Brennertopf, geregelte Luftzufuhr und abgestimmte Brennstoffmenge

Pflegeleicht:
der Aschenfall ist äußerst gerimg, der Pflegeaufwand minimiert. Alle Heizgaszüge sind für die jährliche Inspektion leicht zu erreichen

84 Ein Zimmerofen mit automatischer Feuerung für Holzpellets (Leistung automatisch regelbar 2,2 bis 6 kW).
Quelle: Wodtke GmbH, 72070 Tübingen

Transportschnecke bringt die Pellets bedarfsgesteuert in den Füllschacht, durch den sie in den Brennertopf fallen. Entweder muß beim ersten Mal ein Anzündfeuer gemacht werden, oder eine elektrische Zündung übernimmt diese Arbeit. Durch den Füllschacht strömt ein Teil der Zuluft, wodurch die Flamme von ihm weggeführt wird. Fällt der elektrische Strom aus, wird die Brennstoffzufuhr unterbrochen, das Feuer erlischt.

Die große und konstante Oberfläche sorgt, besonders bei kleinen Pellets, für eine gute Verbrennung. Je nach der verfeuerten Brennstoffmenge und der Güte der Preßlinge muß täglich oder alle paar Tage die Brennmulde von der Asche gereinigt werden. Die Luft wird durch ein Rauchgasgebläse bewegt. Die Steuerung erfolgt automatisch. Wesentlich ist, daß dieses Gebläse leise arbeitet. Solche Öfen dürfen nur dann brennen, wenn im selben Raum gleichzeitig kein Gebläse (z.B. eine Dunstabzugshaube) einen Unterdruck erzeugt, weil sonst die Flammgase aus dem Ofen gezogen werden können. Seine Wärme gibt der Ofen sowohl in Form von Strahlungswärme an den Raum, als auch durch die an den heißen Wänden sich erhitzende, aufsteigende Luft (Konvektion). Die Oberfläche des Ofens kann keramisch oder mit Speckstein etc. verkleidet sein, um das Aussehen zu verbessern. Eine Keramikglasscheibe gibt den Blick auf das Feuer frei. So kann die Romantik der Flamme genossen werden, trotz der Perfektion der Verbrennung.

Pelletsheizungen gibt es auch als vollautomatisch arbeitende Feuerungen in Zentralheizkesseln. Die Pellets werden entweder aus einem großen Lagerraum am Bedarf gesteuert mittels einer Schnecke in den Brennraum der Feuerung transportiert oder sie werden aus einem größeren Zwischenbehälter geholt, der z.B. einmal in der Woche aufgefüllt werden muß. Dank guter Wärmedämmung können moderne Einfamilienhäuser mit einem Jahresverbrauch von 1,1 bis 1,5 t Pellets auskommen.

Lagerraum für Pellets

Für Pellets gibt es die Möglichkeit, an einem stabilen Gestell einen großen Sack mit den Pellets über dem Ofen aufzuhängen, aus dem der Brennstoff der Schwerkraft folgend nachrutscht. Ähnlich sieht es mit siloförmigen Schnitzelbehältern über einem Schnitzelbrenner aus. Das Volumen dieser Behälter ist begrenzt. Möglicherweise reicht er bei starker Kälte und kleinem Speicher nur wenige Tage oder Wochen. Große Behälter können bis zum Jahresbedarf eines gut Wärme gedämmten Einfamilienhauses aufnehmen.

Beim Bau des Lagerraumes muss dafür gesorgt werden, dass die Pellets über Rohrleitungen in den Lagerraum gepumpt werden können. Der Lagerraum muss groß genug sein: Die Grundfläche sollte 6 m² nicht unterschreiten. Das Volumen sollte etwa 1 m³ je kW Heizleistung sein. Der Raum muß während des Füllvorgangs zu den anderen Räumen luftdicht abgeschlossen werden können, damit kein Staub aus ihm in andere Hausräume eindringt. Zwei Stutzen müssen von außen zugänglich sein. Über einen Stutzen werden die Pellets in den Lagerraum gepumpt. Über den zweiten Stutzen entweicht die (staubreiche) Luft wäh-

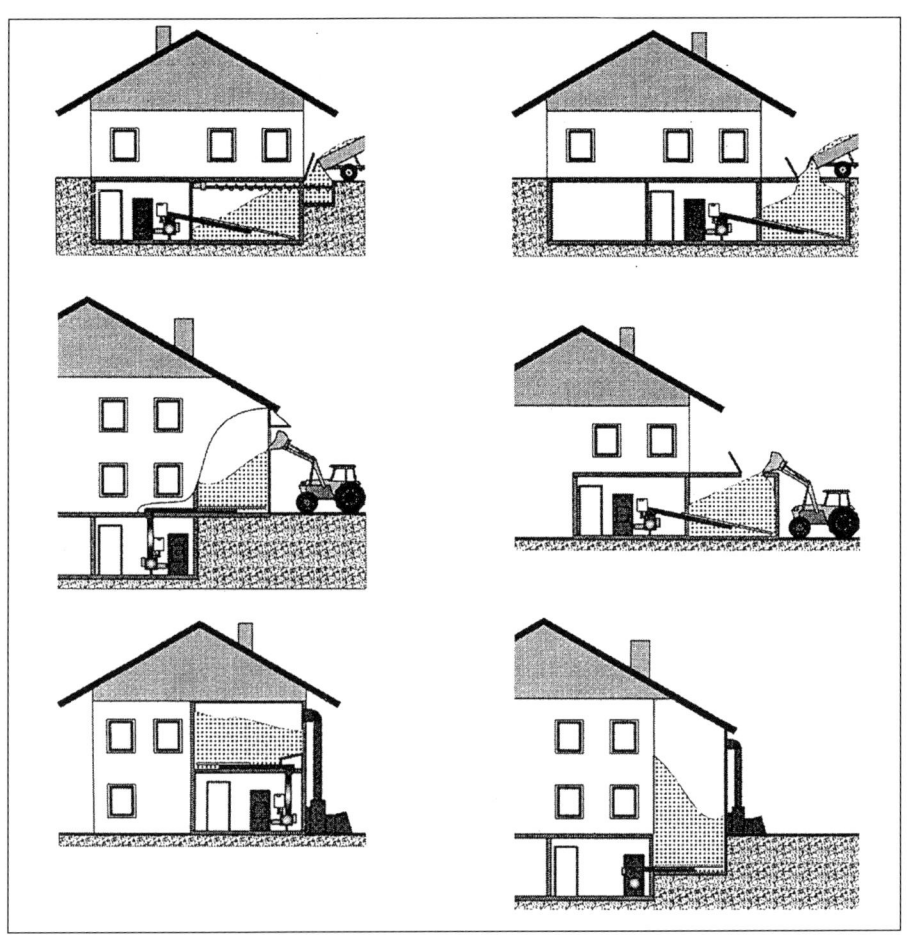

85   Möglichkeiten der Lagerung von Hackschnitzeln am Haus.   Quelle: [6]

rend der Füllung aus dem Lagerraum, indem durch den zweiten Stutzen Luft abgepumpt wird, dadurch entsteht im Lagerraum ein leichter Unterdruck. Es soll durch die Füllung im Lagerraum kein Überdruck entstehen.

Der freie Rohrdurchmesser liegt bei 10 cm (bis 15 cm). Während der Füllstutzen mindestens 40 cm in den Lagerraum hin-

ein ragen sollte, kann der Abluftstutzen mit der Wand eben sein, er muss jedoch so hoch angebracht werden, dass er nicht zugeschüttet werden kann. Gegenüber dem Füllstutzen sollte eine Prallplatte (z.B. aus Blech) zum Schutz der Wand angebracht werden. Bei der elektrischen Installation sind die Richtlinien für staubgefährdete Räume anzuwenden. Die Stutzen müssen außen verschlossen werden können. Der Füllstutzen muß über eine Kupplung verfügen, an die der Lieferant seinen Füllschlauch anbringen kann, oft werden Kupplungen vom Feuerwehrschlauch verwendet.

Pellet-Heizkessel sind für moderne Ein- und Zweifamilienhäuser zusammen mit Solarkollektoren eine überlegenswerte Wärmezentrale, denen auch an kalten und sonnenarmen Wintertagen die Wärme nicht ausgeht.

Lagerraum für Schnitzel

Bei einer Heizleistung von 10 kW und (rechnerischen) 2.000 Stunden voller Leistung je Jahr werden 20.000 kWh Wärme je Jahr erzeugt. Dazu sind 30 sm³ Hackschnitzel notwendig (dies entspricht einem Heizöläquivalent von rund 2.200 Litern). Zur Lagerung des Jahresbedarfs muss somit der Lagerraum bei 2 m Schütthöhe mindestens 15 m² Fläche aufweisen. Weil die Austragtechnik Platz benötigt und weil das Lager selten vollständig entleert wird, sollten 17 m² bis 20 m² Fläche als Mindestmaß verwendet werden.

Für große Heizanlagen wird bei jährlich maximal vier Füllungen mit einem Silovolumen (in m³) von 0,5 · kW-Leistung gerechnet. Bei 300 kW Leistung sind dies somit 150 m³ Silovolumen. Wollte man den Jahresbedarf sicher einlagern, stiege das Volumen auf 2 · kW-Leistung, bei 10 kW ergeben sich dann 20 m³, bei 300 kW entsprechend 600 m³ Volumen. Indem die Silogröße auf maximal 10 Extremtage begrenzt wird und dafür billigere Bereitstellungslager (im Wald) verfügbar sind, können die Kosten

gesenkt werden. Aber das Vorratsgefühl des Hausbewohners leidet darunter.

Die Schnitzel können wie die Pellets über Rohrleitungen in den Lagerraum gepumpt werden. Dann gilt das oben beschriebene. Häufig werden Schnitzel jedoch aus LKW-Containern abgekippt. Dann sollte dies ohne große Probleme direkt in den Bunker möglich sein (Abb. 87).

Die Einfüllöffnung in den Bunker soll mindestens 1 m breiter sein als die Schüttöffnung des zuführenden LKWs. Bei einer Breite des Lasters von 2,5 m sind dies mindestens 3,5 m Breite, zumal der Fahrer selten ganz exakt anfährt und rechts und links Spiel benötigt. Die Tiefe der Öffnung sollte genau so groß sein. Über dem Lager muss sich eine Abluftklappe befinden. Weil die Holzschnitzel riechen sollte genau überlegt werden, wo die Entlüftung hin entweichen kann, ohne die Bewohner zu stören. Beispielsweise kann die Abluft des Silos über einen Schornstein abgeführt werden.

Die Abluft des Heizraumes kann in das Silo geleitet werden und trocknet dort (verhindert Kondenswasser). Günstig ist es, wenn beim Bau dafür gesorgt wird, dass im Hochsommer die überschüssige Wärme einer Solaranlage zur Trocknung der Hackschnitzel verwendet werden kann, indem unter dem Schnitzelbunker eine Bodenheizung verlegt wird.

Die Silotechnik ist teuer. Der Austrag aus dem Silo erfolgt über einen Schubboden, über Drehschnecken (im Zentrum, die das Material in die Mitte zum Austrag holen) oder über einen Walking Floor (jede zweite Diele wird angehoben und nach vorne zum Austrag hin bewegt). Der weitere Transport erfolgt in Rohren mit Schneckengewinden oder Ketten-kratz- Förderern.

Bei kleinen Heizungen wird deshalb häufig mehr Handarbeit in Kauf genommen und ein am Ofen sich befindender, regelmäßig manuell zu befüllender Schnit-zelbehälter akzeptiert. Meist ist die in Abb. 85 oben rechts gezeigte Methode am zweckmäßigsten. Sie benötigt kein Bauvolumen vom Gebäude und kann vom LKW aus direkt befüllt werden.

Automatische Hackschnitzelheizungen

Automatische Hackschnitzelheizungen werden ab etwa 20 kW Leistung angeboten, wobei die Bandbreite bis zu großen Anlagen mit 1 bis 5 MW Leistung reicht. Sie eignen sich für die Beheizung von größeren Gebäudekomplexen, von Industriebetrieben oder für die Nah-wärmeversorgung ganzer Ein- bzw. Mehrfamilienhaussiedlungen.

Die Hackschnitzel sollten unter Dach gelagert werden. Das Lagervolumen sollte so groß sein, daß in der kalten Zeit damit zwei bis vier Wochen geheizt werden kann. Ein geschlossenes Schnitzelsilo muß zwei (gegenüberliegende) Lüftungs-öffnungen besitzen. Die Silowände müssen glatt sein, damit das Material nach-rutschen kann.

86 Vollautomatische Hackschnitzelheizung (20 bis 800 kW Leistung).
Quelle: Fa. Ökotherm, Anlagenbau Fellner GmbH, 92242 Hirschau

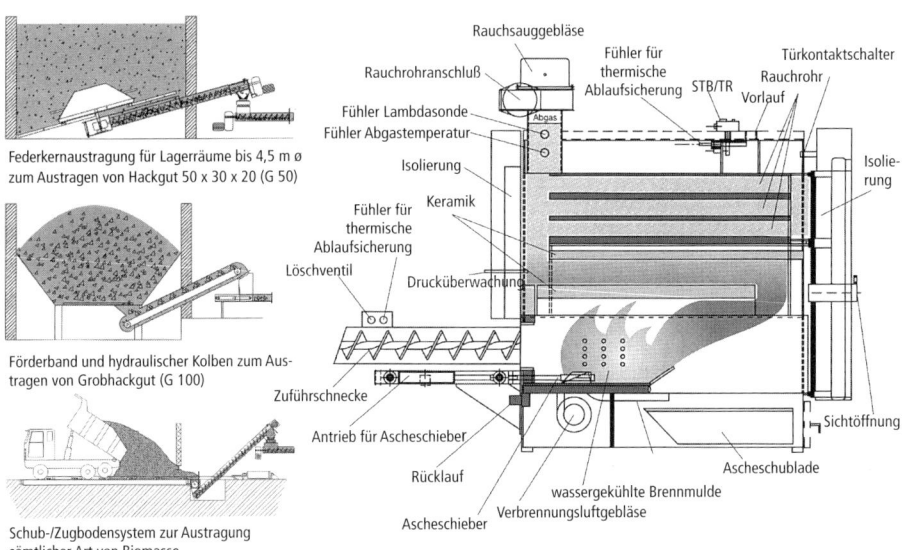

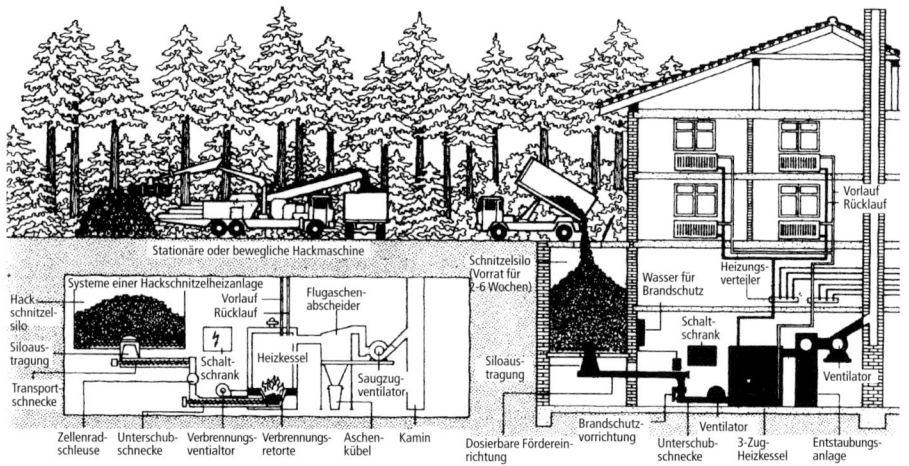

Image labels:
Stationäre oder bewegliche Hackmaschine

Systeme einer Hackschnitzelheizanlage

Hack-schnitzel-silo

Siloaus-tragung

Transport-schnecke

Vorlauf
Rücklauf

Flugaschen-abscheider

Schalt-schrank

Heizkessel

Saugzug-ventilator

Schnitzelsilo (Vorrat für 2-6 Wochen)

Siloaus-tragung

Wasser für Brandschutz

Schalt-schrank

Heizungs-verteiler

Vorlauf
Rücklauf

Ventilator

Zellenrad-schleuse   Unterschub-schnecke   Verbrennungs-ventilatior   Verbrennungs-retorte   Aschen-kübel   Kamin   Dosierbare Förderein-richtung   Brandschutz-vorrichtung   Unterschub-schnecke   3-Zug-Heizkessel   Ventilator   Entstaubungs-anlage

87 Holzhackschnitzel-Heizung. Quelle: Das Haus. 10/80; Burda Verlag, München

Vom Hackschnitzelsilo aus werden die Holzhackschnitzel vollautomatisch zur Ofenanlage gebracht. Transportelemente sind z.b. eine Pendel- oder Zentrumsschnecke im Speicher sowie mehrere Förderschnecken vom Speicher zum Ofen. Auch mit Kolbendruck arbeitende Beschickungsverfahren werden eingesetzt. In großen Schnitzelsilos transportieren oft die auch bei unterschiedlicher Rieselfähigkeit und Stückgröße des Brennstoffes zuverlässig arbeitenden „Unterschubböden" das Material, bis es auf einem Kettenband den Weg in Richtung Ofenanlage nimmt.

Die Transportschnecken sollen kurz sein, weil sie dann weniger oft verklemmen. Deshalb sind mehrere kurze Transportschnecken mit dazwischen geschalteten Fallschächten oder Zellradschleusen besser als lange Schneckenwege. Lange Schnecken erhöhen die Wandreibungsverluste, der Brennstoff verdichtet sich dadurch bei längerem Transport, so daß

das Risiko des Verklemmens steigt. Transportschnecken werden meist waagerecht eingebaut.

Zwischen Förderschnecken befinden sich Schleusen, die einen Rückbrand aufhalten. Diese Sicherungen können Zellräder, Klappen, Schieber etc. sein. Die Zellradschleuse verhindert eine offene Verbindung vom Schnitzelspeicher zur Brennkammer. Auch die Rückschlagklappen am Ende der Schneckenröhren verhindern ein Zurücklaufen des Feuers bis in den Schnitzelbunker. Ein weiteres Sicherheitselement, das einen Rückbrand aufhält bzw. verhindert, ist eine Sprinkleranlage. In der vor dem Brenner liegenden Transportschnecke wird laufend die Temperatur gemessen. Steigt diese auf zu hohe Werte an, wird die Anlage durch Sprinkler geflutet.

Automatische Holzfeuerungen lassen (fast) immer die räumliche Trennung zwischen dem Vorratsbehälter (Silo), dem Verbrennungs- und Vergasungsraum

(Feuerraum mit Nachbrennkammer) und dem Wärmetauscher (Wasserregister) erkennen. Sie erzielen deshalb gute Verbrennungsergebnisse. Die Belastung der Umwelt durch das Abgas ist gering.

Eine gute Holzverbrennung zeichnet sich durch folgende Merkmale aus:

• Im Verbrennungs- und Vergasungsbereich werden Temperaturen von 900 bis 1200°C erreicht. Bei mehr als 1200°C tritt verstärkt NO_x-Bildung auf. Außerdem ist ein sehr widerstandsfähiges Material notwendig, damit bei höheren Temperaturen der Verschleiß nicht zu groß wird.

• Die Verbrennungsluft wird stufenweise zugeführt, z.B. in der 1. Stufe Primärluft zur Trocknung, Ausgasung und Feststoffverbrennung; in der 2. Stufe Primärluft zur Entzündung des Holzgases; in der 3. Stufe Sekundärluft zur

Verbrennung des Holzgases und in Stufe 4 Sekundärluft zur Restverbrennung des Gases.

• Es sind Maßnahmen getroffen, damit sich die Gase und die heiße Luft gut vermischen.

• Das brennende Holzgas hält sich lange genug (2 Sekunden) in dieser heißen Zone auf und erhält dort bedarfsgerecht gesteuert Zuluft.

• Die Luftmenge wird über Meßwerte geregelt. Der Luftüberschuß soll zwischen 1,5 bis 1,8 liegen.

Um zu verhindern, daß die Temperaturen am Rost oder in der Brennmulde so weit ansteigen, daß mineralische Substanzen im Brennstoff versintern, gibt es Roste mit Wasserkühlung. Diese sind vor allem dann sinnvoll, wenn Rinde oder mit Erde verschmutztes Holz verfeuert wird. Andererseits muß die Ablagerung von Schlacke oder Ruß an der Ausmauerung

88 Unterschubfeuerung mit hoher Wärmeleistung.
Quelle: Landtechnik Weihenstephan, 85354 Freising

1	Späne-Bunker
2	Bunker-Austragsvorrichtung mit Antrieb
3	Sammelkasten
4	Füllstandsanzeiger
5	Transportschnecke
6	Kniestück mit Sicherheits- und Brandschutzklappe
7	Zellenradschleuse mit Antrieb
8	Unterschubschnecke
9	Feuermulde mit Windkasten
10	Verbrennungsluft-Ventilatoren
11	Primär-Brand-Sicherung
12	Sekundär-Brand-Sicherung
13	Wasseranschluß-Leitung
14	Feuerungstür
15	Oberluft-Düsen
16	Schaltschrank
17	Kessel
18	Thermo- oder Pressostat
19	Drehzahlwächter

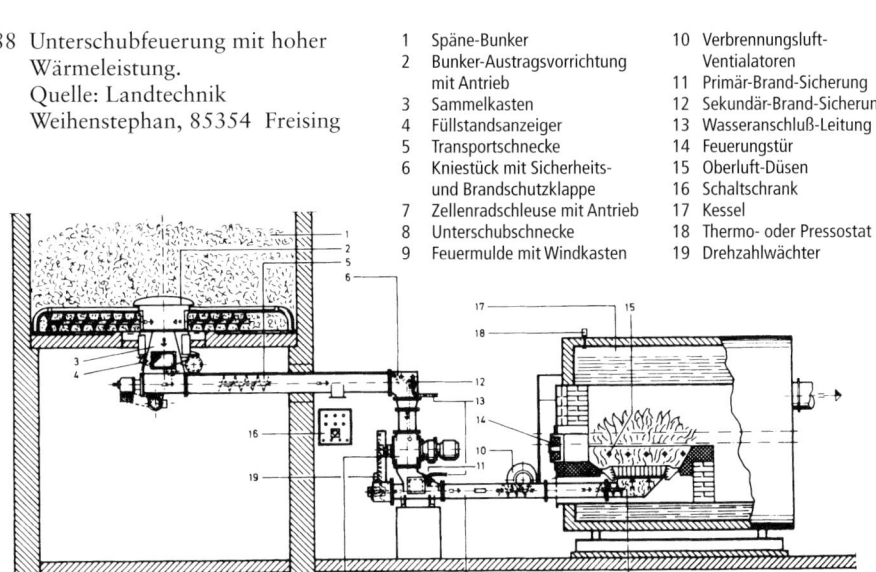

durch eine ausreichend hohe Temperatur der Brennkammer verhindert werden.

Das erste Entzünden der Hackschnitzel kann durch elektrische Zündspiralen erfolgen, wobei optische „Flammenwächter" kontrollieren, ob das Feuer auch brennt. Thermische Kontrollen und Gasmeßgeräte prüfen und steuern über die Luftzufuhr die Güte der Verbrennung.

Der heiße Feuerraum besteht aus Schamotte, Keramik oder Feuerbeton. Damit die Materialien nicht zu schnell ersetzt werden müssen, sollte deren Temperatur nicht wesentlich über 1200°C ansteigen.

Die Verbrennungsluft wird unter Druck in den Feuerraum geblasen. Die Primärluft kann im Zuführungsbereich des Brennstoffes unter den Holzhackschnitzeln hinein gedrückt werden. Die Sekundärluft wird vorgewärmt in den Flammenraum der Vergasungszone ge-

drückt. Über Meßeinrichtungen, welche den Zustand des Abgases prüfen, kann die Menge der sinnvollerweise einzublasenden Luft gesteuert werden. Diese Meßstellen prüfen u.a. den Sauerstoffgehalt, den Anteil größerer Kohlenwasserstoffe und die Temperatur.

Aufgrund der hohen Strömungswiderstände am Wärmetauscher benötigen diese Anlagen oft Rauchgas-Saugzuggebläse. Diese haben den Nachteil, daß mit steigender Strömungsgeschwindigkeit auch Asche mitgerissen wird. Deshalb sind spezielle Entstaubungsanlagen notwendig, die bei Einblasfeuerungen zwingend vorgeschrieben sind. Zyklonabscheider zur Reinigung des Rauchgases von Feststoffen haben sich bewährt.

Komfortabel ist die automatische Hackschnitzelheizung erst, wenn auch der Aschenaustrag automatisch erfolgt. Dazu

89 Hackgut-Feuerung ab 5 kW Leistung mit Lambda-Regelung, Zyklonbrennkammer mit nachgeschaltetem Wirbelrohr, automatischer Reinigungs- und Entaschungseinrichtung. Quelle: Fröling GmbH, Grieskirchen

1	luftgekühltes Unterteil
2	Wärmetauscher
3	Zyklon-Brennkammer
4	Wirbelrohr
5	Brennerkopf
6	Stokerschnecke
7	Entaschungsschnecke
8	Aschekübel
9	Primärluftventil
10	Sekundärluftventil
11	Verbrennungsluftgebläse
12	Wirbulatoren
13	mechanische Reinigungseinrichtung
14	Schaltkasten mit SPS-Steuerung

muß der Rest des verbrannten Holzes aus dem heißen Feuerraum heraus geschoben werden – eine aufwendige und entsprechend teure Technik. Auch für die Reinigung der Wasserregister gibt es automatisch arbeitende Trenntechniken. Eine einfache Kontrolle der verschmutzenden Teile muß möglich sein und alle manuell zu reinigen Bereiche sollten in einfacher Weise zugänglich sein.

Bei großen Anlagen sind außerdem Maßnahmen zur Reinigung der Rauchgase erforderlich. Einfache Staubabscheider sammeln die vom Abgasstrom mitgerissenen festen Bestandteile. Lassen Sie sich vom Hersteller/Lieferanten zusichern, daß die gesetzlich geforderten Abgaswerte im praktischen Betrieb mit Ihrem Brennstoff unterschritten werden.

Bei großen automatischen Holzheizungsanlagen lohnt es sich, diese mit ausgeklügelter Meß- und Regeltechnik auszustatten, welche „mitdenkt" und den gesamten Prozeß der Wärmeerzeugung optimiert. Die Brennstoffzufuhr und die Luftzufuhr können flexibel den unterschiedlichen Wärmeanforderungen, der wechselnden Feuchte des Holzes und der möglicherweise wechselnden Güte des Brennstoffes angepaßt werden. Weil Hackschnitzel bezüglich Wassergehalt, innerer Struktur (von welcher Baumart, mit welchem Splintholz- und Rindenanteil), Größe und Form wechseln können, ist eine flexible Regelung der Verbrennung zweckmäßig, bei der ein Computer mit seinen Prozessoren und dank einer ausgeklügelten Software die Feuerung nach den jeweiligen Meßwerten steuert. Der Komfort und der hohe Wirkungsgrad sind Stärken der automatischen Holzheizanlagen. Nachteilig ist, daß sie auf Fremdenergie angewiesen sind. Wenn der elektrische Strom ausfällt, bleiben sie kalt,

90 Vorofen-Feuerung mit automatischer Brennstoffzufuhr.
   Quelle: Landtechnik Weihenstephan, 85354 Freising

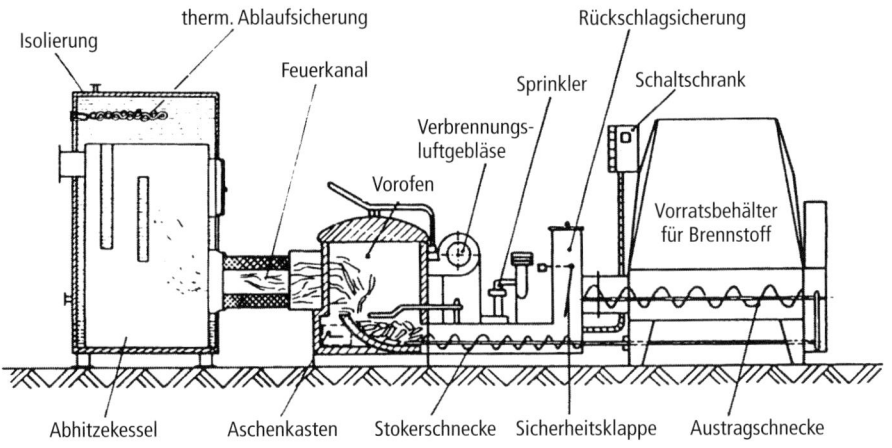

wie Öl- oder Gasheizungen auch. Eine völlig autarke Wärmeversorgung ist mit diesen Heizungen somit nicht möglich.

Je raffinierter die Technik, um so bequemer ist die Heizung, um so besser ist die Verbrennung, aber auch um so teurer ist die Feuerungsanlage. Die technisch perfekt gesteuerte Feuerung für Holz lohnt sich deshalb erst für große Anlagen (ab einem MW), wenn ganze Wohngebiete oder große Verbraucher (Großflughafen, Schwimmbäder) mit Wärme versorgt werden sollen. Der gegenwärtig niedrige Preis für fossile Energie verhindert bisher, daß solche Technik in Deutschland in nennenswertem Umfang Fuß faßt. Sobald der Heizölpreis die Marke von 60 Pfennig je Liter erreicht oder übersteigt, dürfte sich dies ändern.

91
Vorofen mit Vorschubrost (Leistung 100 bis 500 kW) und Steuerung über die Temperatur in der Brennkammer. Quelle: Bioflamm, Landtechnik Weihenstephan, 85354 Freising

Feuerungsarten

Automatische Anlagen sind in der Regel als Gesamtkessel gebaut, mit Ein- bzw. Unterschub in eine Feuermulde oder zum (bewegten) Rost. Gelegentlich werden sie jedoch nach dem Vorofenprinzip (mit Einschub) konzipiert. Sehr große Anlagen arbeiten meist mit Einblasfeuerung zur Wirbelschichtverbrennung . Im Detail gibt es eine große Vielfalt an Konstruktionsvarianten.

Vorofen

Kleine und mittelgroße automatische Heizanlagen sind oft nach dem Vorofenprinzip gebaut (Leistungsrahmen um 20 bis 500 kW). Bei der einfachsten Form befindet sich der Schnitzelbehälter über der Feuerung, so daß die Schnitzel allein durch die Schwerkraft nachgeführt werden können (Abb. 49 und 50). Das Silovolumen reicht aus für die Menge, welche bei Vollast in 24 Stunden verbrennt. Vom Silo aus rutschen die Hackschnitzel,

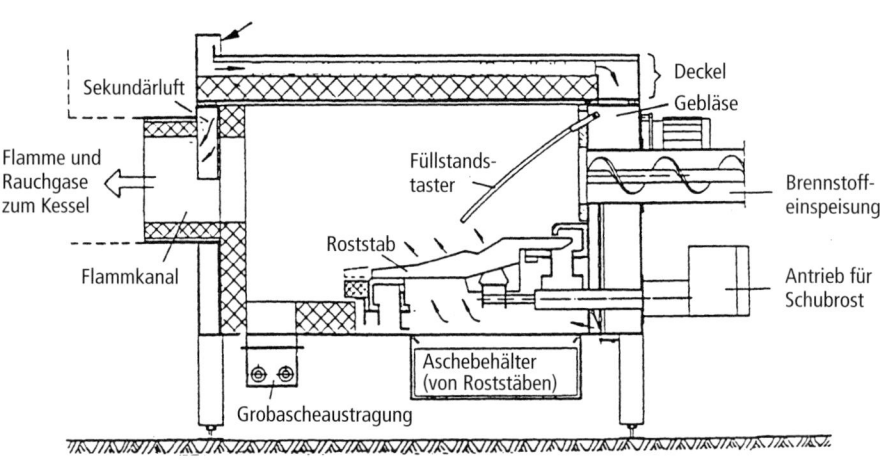

108

durch die Steuerklappe bedarfsgerecht geregelt, in den Brennraum. Voraussetzung für eine zuverlässige Funktion sind leicht rieselnde Hackschnitzel. Da diese Bedingung gelegentlich nicht erfüllt ist, vor allem wenn Feinreisig und Blätter bzw. Nadeln mit zerhackt werden, sollte der Ofen überwacht werden.

Zuverlässiger sind Vorofenfeuerungen, bei denen die Hackschnitzel gesteuert dem Verbrennungsraum zugeführt werden (Stoker). Erst für größere Brenner lohnt sich der Einbau eines (kleinen) Schubrostes, auf dem das brennende Material gleichmäßiger verteilt und bis zum automatischen Aschenaustrag befördert wird.

Das Anzünden erfolgt durch ein kleines Vorfeuer oder durch eine automatische Zündanlage. Im ersten Fall muß vor jedem neuen Anfahren Hand angelegt werden, während die automatische Zündanlage auch nach einer längeren Zeitspanne ohne Betrieb (z.B. weil keine Wärme benötigt wurde) wieder von selbst startet.

Einschubfeuerung

Hier wird der Brennstoff (z.B. mit einer Transportschnecke) in den Feuerraum geschoben. Dort kann sich bei kleineren Anlagen eine Mulde (Feuermulde, Brennschale, Kalotte) befinden. Oft übernimmt eine elektrische Zündspirale das erstmalige Anzünden der Hackschnitzel.

Eine Besonderheit ist eine in der Schweiz entwickelte automatische Feuerung für Holzstücke. Aus einem Holzstückbehälter wird das Holz in einen Ladeschacht transportiert. Ein hydraulisch betriebener Preßkolben zerquetscht das Holz und drückt es dabei durch das Beschickungsrohr zum (Kreuzstrom-) Tunnelbrenner.

Die Brennstoffdosierung erfolgt entweder über eine Variation der Förder-

92 Vollautomatische Stückholz-Heizung. Quelle: B. Etiennne AG, CH–6002 Luzern

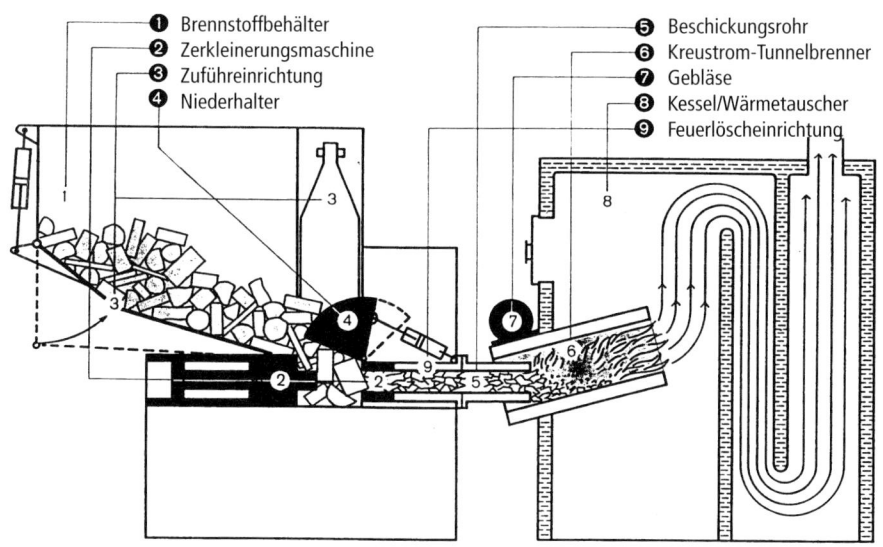

❶ Brennstoffbehälter
❷ Zerkleinerungsmaschine
❸ Zuführeinrichtung
❹ Niederhalter
❺ Beschickungsrohr
❻ Kreustrom-Tunnelbrenner
❼ Gebläse
❽ Kessel/Wärmetauscher
❾ Feuerlöscheinrichtung

geschwindigkeit (langsamer, schneller) oder durch stoßweisen (also unterbrochenen) Betrieb. Von Zeit zu Zeit muß Brennstoff angeliefert werden, weil sonst die Glut erlischt. Deshalb sorgt eine Zeitschaltuhr dafür, daß die Anlage Brennstoff nachliefert, auch wenn längere Zeit keine Heizwärme gebraucht wird, damit stets Glut vorhanden ist. Solange das Glutbett zündfähig ist, kann durch einfache Brennstoffzufuhr der Brand wieder entfacht werden. Im anderen Fall muß mit einer Zündeinrichtung (z.B. elektrisch) neu begonnen werden. Die Reihenfolge des Einschaltens ist:

1. Das Rauch-Saugzuggebläse beginnt zu arbeiten.
2. Die Zündung sorgt für Glut und Flammen:
3. Die Brennstoffzufuhr und die Verbrennungsluftventilatoren schalten ein.

Wenn keine Wärme mehr gebraucht wird, geschieht folgendes:

1. Die Brennstoffzufuhr wird gestoppt, indem zunächst der Bunkeraustrag

stoppt, wodurch die Transportschnecken leerlaufen.
2. Das Verbrennungsluftgebläse hält an.
3. Als letztes schaltet das Rauchgas-Saugzuggebläse ab, alle Rauchgase sind somit ausgebrannt und haben die Brennkammer verlassen.

Die Unterschubtechnik (mit starrem Rost) eignet sich für Holzhackschnitzel (mit wenig Rinde). Auch frische Schnitzel (bis maximal 100% Feuchte vom atro-Gewicht) können gut verbrannt werden; die Verbrennung ist bei einer großen Brennkammer auch noch bei nur 30% der Nennleistung ausreichend vollständig.

Verschiedene *Schubrostsysteme* bewegen den Brennstoff im Brennraum. Oft wird die Vorschubrostfeuerung eingesetzt. Ein hydraulisch bewegtes, treppenförmiges Rostsystem rüttelt den Brennstoff von der oberen zur unteren Rostebene. Auf diesem Weg hat das erhitzte Heizmaterial Zeit zur Trocknung, Vergasung und Verbrennung (der Holzkohle). Der Vorteil des Schubrostes liegt in der großen Toleranz gegenüber unterschiedlichen Brennstoffqualitäten.

- Die Dicke der Schnitzelschicht sollte auch bei einer Steigerung der nachgefragten Heizleistung nicht zu groß werden, weil sonst die reaktionsfähige Oberfläche des zu verbrennenden Holzes abnimmt. Die Höhe des auf dem Rost liegenden Brennstoffes muß deshalb regelbar sein, damit die Verbrennung möglichst vollständig erfolgen kann. Eine zu dicke Brennstoffschicht wie auch eine zu dünne und damit wegbrennende Schicht ist ungünstig.

93 Phasen der Verbrennung auf einem Vorschubrost.
Quelle: Landtechnik Weihenstephan, 85354 Freising

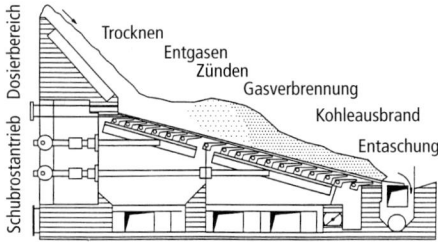

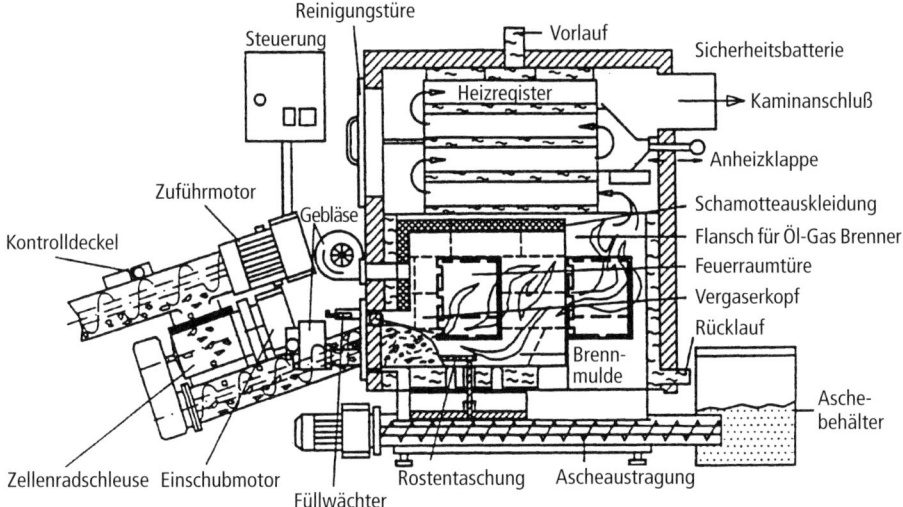

Reinigungstüre
Steuerung
Vorlauf
Sicherheitsbatterie
Heizregister
Kaminanschluß
Anheizklappe
Zuführmotor
Gebläse
Schamotteauskleidung
Kontrolldeckel
Flansch für Öl-Gas Brenner
Feuerraumtüre
Vergaserkopf
Rücklauf
Brenn-
mulde
Asche-
behälter
Zellenradschleuse Einschubmotor
Rostentaschung   Ascheaustragung
Füllwächter

94 Feuerung mit Quereinschub, bewegtem Rost und automatischer Entaschung.
Quelle: Heizomat, Landtechnik Weihenstephan, 85354 Freising

- Die Brennstoffschicht auf dem Rost sollte durch die Bewegung regelmäßig umgelagert werden, damit die Verbrennung gleichmäßig und vollständig erfolgt. Andererseits sollte nicht zu viel Material aufgewirbelt und vom Gasstrom mitgerissen werden.
- Durch den Rost sollte wenig Material (unzureichend verbrannt) hindurch fallen.
- Der energetische Aufwand für die Rostbewegung sollte niedrig sein.
- Die Rostlänge soll nicht zu knapp bemessen sein. Der hintere Rostbereich sollte durch die Strahlung aus dem Glutbereich hoch erhitzt werden, damit die Schlacke aussintern und inert werden kann.
- Während des Betriebes auszutauschende (weil häufiger beschädigte) Teile (z.B. Meßstäbe) sollten auf einfache

Weise und ohne vollständige Abkühlung des Ofens ersetzt werden können.
- Waldfrische Holzhackschnitzel mit bis zu 150% Feuchte (vom atro-Gewicht) sollten noch gut verbrennen.

Andere Rostsysteme sind Gegenschubrost, Schwingrost, Kipprost oder Kombinationen mit eingeblasener Luft (z.B. Wirbelschichtfeuerung). Große Feuerungsanlagen für Holzschnitzel arbeiten meistens mit Schubrostsystemen.

Große Holzhackschnitzel-Verbrennungsanlagen werden teilweise von holzverarbeitenden Betrieben eingesetzt, um die anfallenden Resthölzer zu nutzen. Teilweise wird mit dem Holz Dampf erzeugt, der seinerseits eine Turbine antreibt (für Maschinenantriebe oder zur Stromerzeugung) und der nach der Entspannung zur Heizung verwendet wird.

Wenn ein hoher Anteil von feinkörnigem Holzstoff (z.B. Sägemehl) anfällt, wird oft die Einblasfeuerung bevorzugt. Dabei werden die Reaktionsflächen des Feuers durch eine intensive Durchmischung des Brennstoffes Holz mit der Verbrennungsluft vergrößert. Diese Reaktionsflächenvergrößerung führt zu einer rascheren und vollkommeneren Verbrennung. Voraussetzung ist allerdings ein feinkörniger Brennstoff. Die Verbrennung erfolgt im Flug. Auf dem Rost bildet sich ein Glutbett, vor allem durch den Holzkohlenabbrand. Holzstaub und Holzmehl dürfen nur in Einblasfeuerungen verbrannt werden. Dadurch wird die Gefahr eines Rückbrandes beherrscht und die Gefahr der unkontrollierten Verpuffung minimiert. Bei der Planung und Auswahl einer automatischen Holzheizung sind folgende Fragen von Bedeutung:

- Welche Form des Brennstoffes benötigt die Anlage? Was geschieht, wenn die Stückgröße wechselt?

- Wie wird die Anlage bedient? Ist regelmäßig eine manuelle Arbeitsleistung notwendig oder arbeitet sie automatisch? Welcher Arbeitsaufwand ist in einer Betriebswoche (sieben Tage) er-

forderlich? Erfolgt im Störungsfall automatisch ein Funkruf an einen Bereitschaftsdienst?

- Wie wird der Brennstoff zugeführt?
- Wie wird die Verbrennung gesteuert? Wird die Zufuhr an Verbrennungsluft nach Meßwerten des Rauchgases gesteuert? Wird die Verbrennungsluft an den Bedarfspunkten (z.B. als Sekundärluft) zugeführt?

- Welchen Wirkungsgrad hat die Anlage? Wird der Brennstoff vollständig verbrannt? Werden die Emissionsgrenzwerte eingehalten? Sind die Angaben von einem neutralen Institut geprüft und bestätigt?

- Welche Reststoffe fallen an (Asche, Kondensat)? Wie werden sie entfernt und wie können sie entsorgt werden?

- Können vorhandene Heizungssysteme in das neue System integriert werden? Wie groß ist der Aufwand dafür?

- Mit welcher Betriebsdauer (Lebensdauer) der Anlage kann gerechnet werden?

- Gibt es ein schon einige Zeit erfolgreich funktionierendes Beispiel?

- Wie hoch sind die Anschaffungs- und Betriebskosten? Werden sie vom erwarteten Nutzen getragen?

Rauchgasreinigung in großen Anlagen

In sehr großen Holzfeuerungen werden die Rauchgase mit erheblichem technischem Können gereinigt. Zur Reinigung dienen z.B. Zyklone (welche die Massenträgheit der Staubteilchen nutzen), Elektrofilter, Trockenschlauchfilter, Keramikfilter oder Naßwäscher.

Die direkt im Feuerraum anfallende Grob- oder Rostasche hat einen Anteil von 70 bis 85 Gewichtsprozent an der Asche insgesamt. Sie enthält vorwiegend Kalzium Ca, aber auch Eisen Fe, Kalium K, Magnesium Mg, Mangan Mn, Natrium Na und Phosphor P. Die Metalle sind meist als Oxid, Hydroxid, Carbonat oder Sulfat gebunden.

Die technisch aus dem Rauchgas herausgefilterte Zyklonflugasche hat einen Anteil von 10 bis 30 Gewichtsprozent an der Asche. Sie enthält vorwiegend Alkali- und Erdalkalimetallverbindungen, aber auch gewisse Anteile an Schwermetallen.

Kritisch ist die Feinstflugasche. Diese hat zwar nur einen Anteil von unter 5 bis 10% an der Asche, aber sie enthält Schwermetalle (Cadmium Cd, z.T. auch Zink Zn, selten Blei Pb, Kupfer Cu, Chrom Cr).

In manchen Anlagen wird das Rauchgas kondensiert, um die im Wasserdampf noch enthaltene Energie zurückzugewinnen. Darüber hinaus werden mit dem Kondensat auch die im Gas verbliebenen Fremdstoffe ausgefällt, so daß (fast) kein Fremdstoff mehr in die Luft abgegeben wird. Für den aus einer Kondensationsanlage stammenden Schlamm gilt dasselbe wie für die Feinstflugasche. Die Wärmegewinnung durch Rauchgaskondensation ist lohnend, wenn ein Wärmebedarf auf niedrigem Temperaturniveau (von ca. 35°C) vorhanden ist, beispielsweise in einer nahegelegenen Gärtnerei zur Erwärmung der Gewächshäuser.

Weil die Grob- und Zyklonflugasche die Schwermetallgrenzwerte der Klärschlammverordnung (meist) deutlich unterschreitet, kann sie in der Kreislaufwirtschaft verbleiben und in den Wald zurückgebracht werden. Die vor allem in der Feinflugasche vorliegenden Schadstoffe müssen separat als Sondermüll behandelt (deponiert) werden. Oft haben menschliche Handlungen Schadstoffe in den Wald gebracht, wo sie von den Bäu-

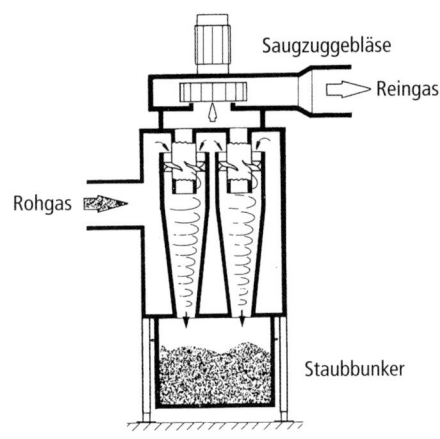

95 Fliehkraftabscheider zur Reinigung des Abgases von festen Bestandteilen. Quelle [3]

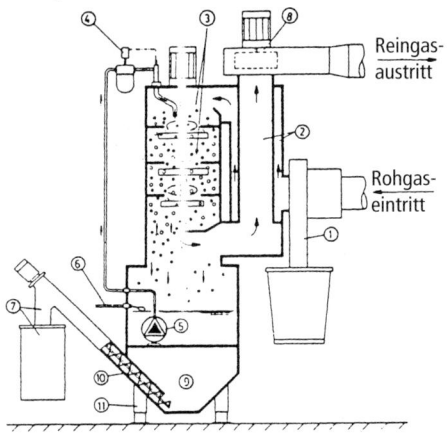

96 Rauchgaswäscher für Holzfeuerungen. Quelle [3]

1 Vorabscheider mit Aschetonne
2 Wärmetauscher
3 Mehrstufen Rotationswäscherkammer
4 Dosierung für Neutralisationsmittel
5 Förderpumpe
6 Wassernachspeisung
7 Feststoff/Schlammentnahme
8 Abgasventilator
9 Schlamwanne
10 Schlammräumer
11 Tragstützen

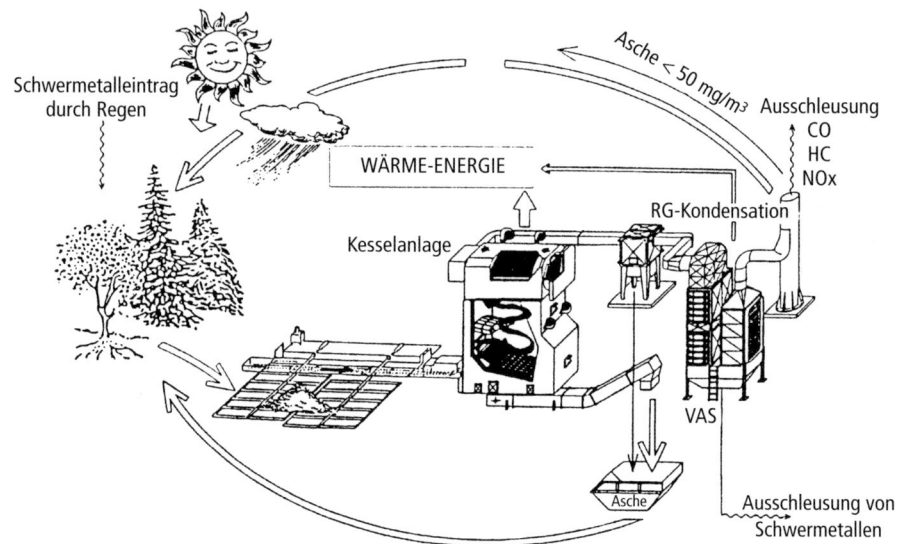

97 Der Nährelement- und Schadstoff-Kreislauf bei der Bioenergieerzeugung.
Quelle: Lüdke (1994)

men in die Biomasse eingebaut werden. Das Abscheiden der schwermetall- und halogenreichen Feinflugasche ist für die Waldnatur wie ein „Schwermetallfilter", durch den ökologisch bedenkliche Elemente zumindest teilweise aus dem Stoffkreislauf des Waldes entfernt werden.

Die Grobasche wird meist gesiebt (mahlen ist teurer). Mögliche Metallteile (Nägel etc.) können durch Magnetsichter abgetrennt werden. Das abgesiebte Grob-material kann in den Waldwegebau eingebracht werden. Der feinere Teil der Grobasche wird durchmischt und kann so in die Natur (als stickstofffreier Dünger) ausgestreut werden. Auch in Komposte kann die Asche eingebracht werden, sofern sie durch regelmäßige Analysen auf ihre Inhaltsstoffe geprüft wird. Im Prinzip sollte die Grobasche dorthin zurückgebracht werden, wo das Holz herkommt.

Ortsnahe „Fern"-Wärme – ein Zukunftschance für die Holzheizung

Die für eine perfekte Verbrennung und eine gute Rauchgasreinigung notwendige teure Technik lohnt sich vor allem in Großanlagen, in denen große Wärmemengen für ein Fernwärme- bzw. Nah-wärme-Netz erzeugt werden. Auf diese Weise kann die einheimische und nachwachsende Energiequelle Holz sehr umweltschonend genutzt werden und fossile Brennstoffe ersetzen.

Holzheizwerke sollten möglichst nahe an der Brennstoffquelle (d.h. am Wald) als auch nahe am Versorgungsgebiet (Siedlungsgebiet mit Wärmenetz) errichtet werden, um den Transportaufwand für den Brennstoff und die Transportverluste (Wärmeverluste im Netz) klein zu halten. Die Wärmeverluste sind bei nicht zu ausgedehnten Nah-/Fernwärmenetzen relativ gering und liegen bei 6 bis 12%. Für ein wirtschaftlich betriebenes Holzenergie-Wärmenetz ist einiges an Organisation, an Planung und an Management notwendig. Folgende Punkte sind zu klären:

• Wie groß ist das Anschlußpotential? Schätzung des Wärmeverbrauchs und Ermittlung der erforderlichen Leistung. Energiebilanzanalyse: Wieviel Energie wird wann (Tages-, Wochen-, Jahresverlauf) benötigt.

• Sind die betroffenen Mitbürger informiert und bereit, sich anzuschließen?

Absichtserklärungen mit den potentiellen Abnehmern treffen.

• Wie lang ist die Trasse? Welche Probleme sind bei der Verlegung zu berücksichtigen: Trassenführung, Information der Grundeigentümer? Die Liniendichte sollte 1 bis 2 m je kW oder kleiner sein, tatsächlich liegt sie oft über 3 m/kW.

• Dimensionierung des Rohrnetzes: Fließgeschwindigkeit klein halten, weil eine hohe Fließgeschwindigkeit zu starken Geräuschen führt, wenn die Richtungsänderungen der Rohre (Knicks) nicht sehr sanft verlaufen. Sollen kunststoffummantelte Stahlrohre verwendet werden? Erfolgt die Leckkontrolle über Kupferdrähte?

• Gibt es einen geeigneten Standort für das Heizwerk? Wie ist der Verkehrsanschluß?

• Wieviele „Module" (Brennkammern) mit welcher Heizleistung sollen vorgesehen werden? Für die selten gebrauch-

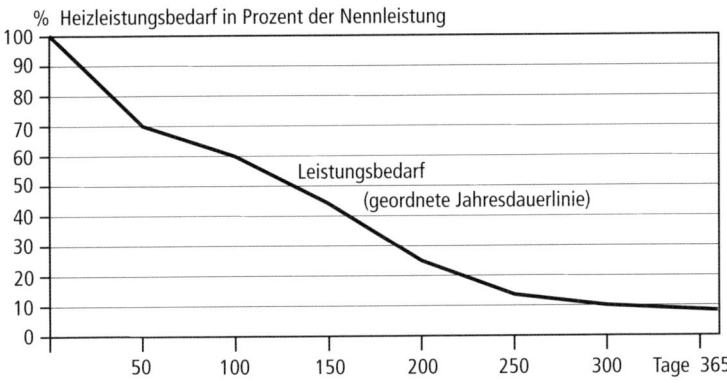

98 Statistik des Wärmebedarfes über ein Jahr betrachtet: Die volle Heizleistung, d.h. die Auslege- oder Nennleistung der Kesselanlage, wird nur an wenigen Tagen im Jahr benötigt, und an weniger als 150 Tagen im Jahr ist die benötigte Heizleitung größer als 50% der Nennleistung.

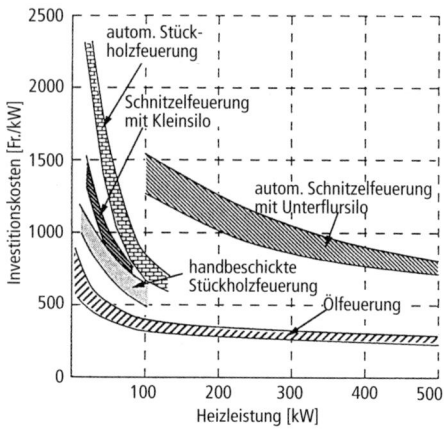

99
Spezifische Investitionskosten für größere Holzfeuerungsanlagen in Abhängigkeit von der installierten Heizleistung. Neben Kessel und Anlagen zur Brennstoffbeschickung sind auch die Kosten der Nebenanlagen wie Steuerung, Silos, Rauchgasreinigung, Pufferspeicher (beim handbeschickten Stück holzkessel) sowie Honorare enthalten Preisbasis 1988). Quelle [4]

te Spitzenlast von über 70 bis 80% der Nennheizleistung (Abb. 95) kann ein Öl- oder Gaskessel vorgesehen werden. Die Konstruktion der einzelnen Kessel (Module) sollte so ausgelegt sein, daß bei 70% der Vollast eine optimale Verbrennung erzielt wird, weil diese Leistung häufiger als die Vollast verlangt wird.

- Mit welchem Brennstoffverbrauch ist zu rechnen? Welchen Lieferanten für den Brennstoff (Hackschnitzel) gibt es? Ist die ortsnah verfügbare Menge ausreichend? Sind Lieferzusagen möglich? Der jährliche Schnitzelbedarf liegt meist um (2–) 3 m³/kW. Wegen der geringen Energiedichte ist ein Holztransport über große Entfernungen

nicht lohnend. Die Brennstoffbilanz muß neben der Menge die Struktur und Feuchte berücksichtigen. Wie sollen die Schnitzel gelagert und der Feuerung zugeführt werden? Der Brennstofftransport muß ständig (auch bei Frost) gesichert sein.

- Wer betreibt die Anlage? Für die Wärmeabnehmer muß ein Ansprechpartner zur Verfügung stehen. Erst wenn der betreibende Unternehmer an der Sache Interesse findet, wird sie rentabel werden, weil er dann auftretende Probleme zweckmäßig lösen wird.

- Abschätzen der Investitionskosten und der Betriebskosten. Aufstellung des Finanzierungsplanes. Festlegen der Tarife für den Anschluß und die abgenommene Wärme. Der Anschlußbeitrag für ein Einfamilienhaus liegt 1997 oft um 20.000 DM.

- Zeitplan für den Bau der Anlage einschließlich Netz und Anschluß der Verbraucher erstellen.

Für die Verbraucher, die Wärme aus dem Holzheizwerk nutzen, ist diese Energie extrem komfortabel. Verglichen mit den fossilen Brennstoffen sprechen obendrein folgende Argumente für die Holzheizung:

- Holz ist ein unerschöpflicher Rohstoff, der im Wald ständig nachwächst.

- Holz schont die Ressourcen, so daß die begrenzten Rohstoffe Öl, Gas oder Kohle für andere Zwecke eingesetzt werden können.

- Die Holzheizung ist – langfristig betrachtet – umweltschonend, da der CO_2-Kreislauf annähernd geschlossen ist und die Emissionen bei der Verbrennung somit kaum zur Erhöhung der

CO_2-Belastung der Erdatomsphäre beiträgt. Zur Bereitstellung von 1 m³ Holz müssen nur 2,6% des in ihm steckenden Energieinhaltes aus fossilen Quellen aufgewendet werden.

• Brennholz ist in Waldnähe gut verfügbar und ohne lange Transporte nutzbar. Deshalb ist die Holzheizung auch in weltpolitischen Krisen sicher.

• Weil das sonst für den Brennstoffkauf ins Ausland fließende Geld im Land bleibt, sorgt die Holzheizung im Inland für Beschäftigung und Einkommen.

Hackschnitzelheizungen sind vor allem in Verbindung mit einem Nah-/Fernwärme-Netz mit Leistungen von 1 bis 5 MW sinnvoll. Diese Leistungen sollten möglichst durch 2 (bis 3) Brenner erbracht werden, damit je nach Jahreszeit „modulweise" gefahren werden kann. In Österreich und der Schweiz gibt es schon viele sehr erfolgreich arbeitende Anlagen dieser Art.

Holzvergaser mit Kraft-Wärme-Kopplung

Bis zum Ende des 2. Weltkrieges wurde mit Holzgas als Treibstoff für Straßenfahrzeuge gearbeitet. In den letzten Jahren sind die Kenntnisse um die Holzvergasung wieder aufgegriffen und die Techniken verbessert worden. Das Ziel, ein Strom erzeugendes Holzvergaser-Generator-Aggregat zu entwickeln, dessen Prozeßwärme zur Heizung verwendet werden kann, ist im Grundsatz erreicht. Die niedrigen Kosten für fossile Energieträger sowie die aufwendige Technik und

Brennstoffzufuhr haben bisher einen breiteren Markterfolg solcher Anlagen vereitelt. Wirtschaftlich interessant ist dieses Verfahren für Firmen, denen regelmäßig größere Mengen an Abfallholz zur Verfügung stehen. In Bezug auf die Emissionen erzielen die Holzgasgeneratoren sehr günstige Werte.

Bei größeren Anlagen (ab 1.000 kW) erfolgt die Kraft-Wärme-Kopplung heute noch bevorzugt über die Erzeugung von hocherhitztem Dampf. Über 1,5 bis 2 t Holzabfälle werden dazu je Stunde verfeuert.

Die ersten technischen Verfahren zur Holzvergasung stammen von 1788/91. Als Folge der kriegsbedingten Not an Kraftstoffen wurde zwischen 1939 und 1945 in Deutschland intensiv an der Holzvergasertechnik gearbeitet. Nach der 1.Erdölkrise 1973 gab es erneute Versuche. Seit 1990 wird verstärkt an einer Verbesserung der Vergasung von Holz geforscht. Noch hat keine Technik die Praxisreife für den normalen Hausbesitzer erreicht.

Oxidations- stufe	Luft- überschuss	Prozess- Temperatur
Verbrennung	$\lambda > 1$	800° bis 1300°C
Vergasung	$\lambda =$ 0,2 bis 0,5	700° bis 900°C (Schwachgas)
Pyrolyse	$\lambda < 0,2$	400° bis 700°C (Pyrolyseöl)

Tabelle 14:
Die Luftüberschusszahl l ist das Verhältnis „zugeführte Luftmenge" zur „stöchiometrischen Luftmenge der Verbrennung". Bei dem Wert $\lambda = 1$ wird genau soviel Luft zugeführt, wie bei einer vollständigen Verbrennung rechnerisch erforderlich ist.

Bei der Vergasung wird dem Holz wird eine unterstöchiometrische Menge an Oxidationsmittel (Luft, selten reiner Sauerstoff oder Wasserdampf) zugegeben. Als Luftüberschusszahl wird meist um 0,3 angestrebt. Dabei verbrennt ein Teil des Holzes. Die Wärme führt zur Zersetzung (Vergasung) des übrigen Holzes. Es entstehen (Zielwerte in Klammer):

- Brennbare Anteile: Wasserstoff H_2 (> 15%), Kohlenmonoxid CO (> 15%), Methan CH_4 (3 bis 5%).

- Nicht brennbare Anteile: Stickstoff N_2 (< 47%) Kohlendioxid CO_2 (< 12%), Wasser-Dampf (< 40%).

Weil Holzgas einen niedrigen Heizwert besitzt (um 1,4 kWh/Nm³), wird es „Schwachgas" genannt. „Normales Gas" hat mehr als 2,4 kWh/m³ Heizwert. Wasserstoff hat 3 kWh/m³ und Methan um 10 kWh/m³ Heizwert. Erdgas kommt deshalb auf einen ungefähr siebenmal so hohen Heizwert wie Holzgas.

Die Heizwertverluste durch eine Vergasung liegen beim Holz derzeit bei 40% (50 bis 30%), Zielwert sollte unter 15% sein. Die Verluste resultieren aus

- 3 bis 5% Energie-Eigenbedarf der Vergasungsanlage.

- 8 bis 25% Kondensationswärme (hängt von der Holzfeuchte ab).

- Strahlungsverluste der Anlage. Die Betriebstemperatur des Reaktors liegt bei 900°C.

Holzklötze homogener Stückgröße scheinen für die Vergasung besonders wichtig. Das Material soll gut „fließen", also weder Hohlräume noch Brücken oder Verdichtungszonen bilden. Ideal ist ein Vergaser der auf die Stückigkeit des Holzes nicht reagiert (Schnitzel zwischen 1 und 5 cm und 10% Rinde akzeptiert) und der auch Holz mit mehr als 30% Feuchte gut vergast.

100 Schematischer Aufbau grundlegender Festbettreaktortypen. Quelle: [6]

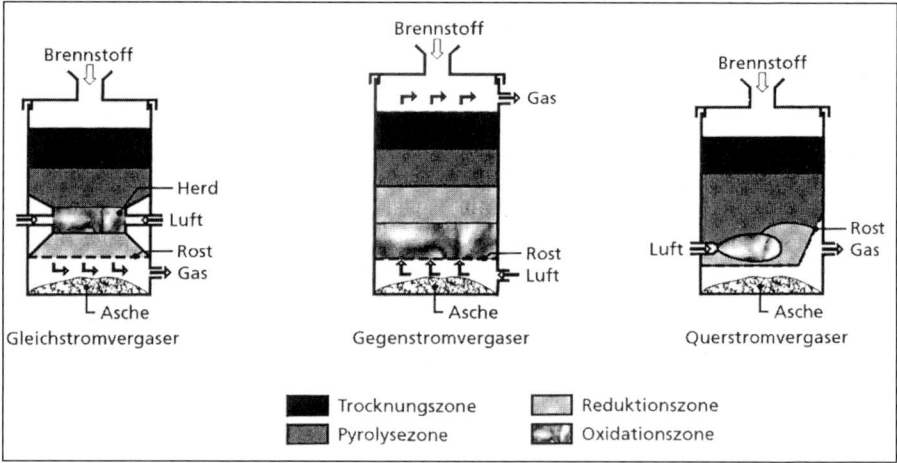

Viele Typen an Holzvergasern werden derzeit erprobt, darunter sind:

1. *Gleichstromvergaser*: Brennstoff und Holzgas fließen in dieselbe Richtung. Das Primärgas strömt durch das glühende Holzkohlenbett = die Reduktionszone. Dort wird das CO_2 zu CO reduziert. Die Teere etc. werden zu kleineren Molekülen (leichter flüchtigen Stoffen) gespalten.

2. *Festbett-Querstromvergaser*

3. *Gegenstromvergaser*: Das Holzgas enthält meist mehr Teer, weil es nicht durch die heiße Zone muss.

4. *Aufsteigender Vergaser*: Das Gas strömt von unten nach oben.

5. *Absteigender Vergaser*: Das Holzgas strömt von oben nach unten.

Die Vergasung kann in technisch getrennten Teilen erfolgen:

6. *Einstufige Vergasung*. Vergasung = Pyrolyse, Oxidation und Reduktion finden im selben Reaktor statt.

7. *Mehrstufige Vergasung*. Sie trennt die Vergasungsschritte, z.B.: Im 1. Reaktor findet mit Hilfe externer Wärmezufuhr Pyrolyse statt, bei der Holzgas und Holzkohle entstehen. Im 2. Reaktor wird das Gas unter Luftzufuhr verbrannt. Das heiße vollständig ausgebrannte Gas wird über die heiße Holzkohle geführt und bildet dort CO, ein teerarmes Schwachgas.

Durch die Beschickung mit frischem Holz wird das Verfahren variiert:

8. *Anlagen mit geschlossener Beschickung*: Der Behälter ist dicht verschlossen, die Brennstoffzufuhr erfolgt über Schleusen.

9. *Offene Beschickung* (Open-Top-Systeme).

101 Schema eines Vergasungssystems für Holz und andere Biomassen. Quelle: [6]

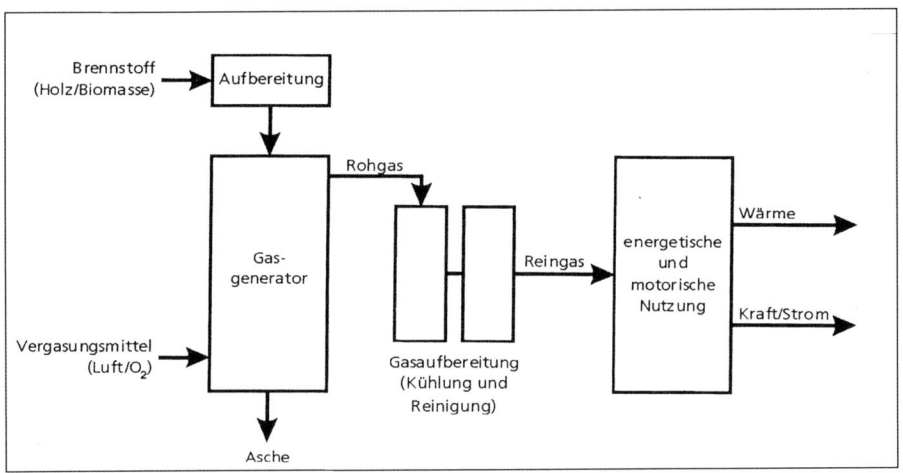

Das Holzgas muß vor dem Motor auf rund 25°C abgekühlt werden. Dabei kondensiert das Wasser. Die Abkühlung kann erfolgen durch

- Wärmetauscher (für Heizungswasser, Lufterwärmung).

- Quench (= Einspritzen von kaltem Wasser in das Gas).

Eine rasche Abkühlung senkt die Bildung von Ruß.

Bei der Nutzung von Holzgas in Verbrennungsmotoren muss das Gas zuerst gereinigt werden. Die Holzgasreinigung kann erfolgen durch

- Filter. Trockene Technik, die Filter können durch Teere verstopfen.

- Wäscher. Die notwendigen Pumpen können durch den Teer (im Wasser) verkleben.

Das Holzgas kann

- mit Zündkerzenmotoren (Ottomotor oder umgebauter Dieselmotor) in Bewegungsenergie und daraus in Strom umgewandelt werden. Solche Motoren reagieren auf Gasgüteschwankungen empfindlicher.

- in Zündstrahlmotoren (Dieselöl) gezündet werden. Diese Motoren sind robuster.

Ein mögliches Fernziel könnte sein, in Brennstoffzellen das Schwachgas direkt auf chemischem Weg in Strom umzuwandeln. Damit könnte die Stromausbeute von jetzt 25 auf 40% oder mehr gesteigert werden. Der „elektrische Wirkungsgrad" ist etwa doppelt so hoch, wie beim Dampfprozeß.

Pyrolyse

Aus Holz kann über die Pyrolyse neben Wärme und Gas auch Öl gewonnen werden. Bei der gegenwärtig technisch angewendeten Flash-Pyrolyse wird das Holz (in kleineren Stücken) „blitzartig" auf rund 470°C erhitzt und danach abgekühlt. Es kondensiert eine rötlich-braune Flüssigkeit (Öl). Der Heizwert des Öls liegt bei der Hälfte jenes vom Heizöl. Weil das Holzöl hydrophil ist, enthält es um 25% Wasser.

Aus 100 kg Holz lassen sich 70 kg Öl gewinnen, das entspricht rund 35 kg Heizöläquivalent. Außerdem entstehen etwa 15 bis 20 kg Holzgas und 10 bis 15 kg Holzkohle.

Wirtschaftlich konkurrenzfähig sind diese Anlagen nur bei hohen Preisen für fossile Energieträger. Die aufwendige Technik spricht für große Anlagen (über 5 MW_{el}).

Energiegewinnung durch Heißgasmotoren

Am bekanntesten ist der schon 1807 entwickelte Stirling-Motor, wenngleich er aus technisch-wirtschaftlichen Gründen selten verwendet wird. Beim Stirling-Motor erhitzt das heiße Rauchgas ein im Motor befindliches Arbeitsgas (meist Helium). Das Arbeitsgas wird zyklisch komprimiert und entspannt. Die bei der Expansion entstehende Arbeit wird über einen Generator zu Stromerzeugung genutzt. Der Stirlingmotor besitzt eine hohe Masse (Gewicht).

Diskutiert werden Stirling-Motore ab einer Leistung von 10 kW_{el} bis 100 kW_{el}. Die Ausbeute an Strom liege bei 10%.

Damit ist sichtbar, daß auch beim Stirlingmotor die Wärmegewinnung Vorrang hat.

Während der Dampfkraft-Prozeß ausgereift ist und eine gut funktionierende Technik für große Anlagen zur Verfügung steht, muß beim Heißgasmotor noch vieles erheblich verbessert werden, bevor er im Alltagsbetrieb und auf breiter Ebene eingesetzt werden wird.

102
Schematischer Aufbau
eines Stirling-Motors
(oben)
und Einbindung in eine
Kraft und Wärme
erzeugende Heizung
(unten).
Quelle: [6]

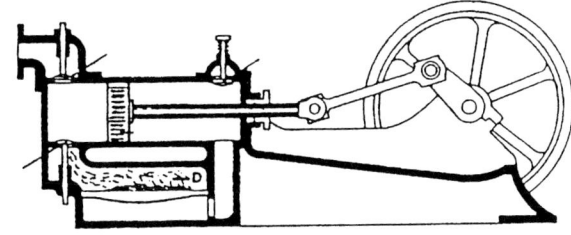

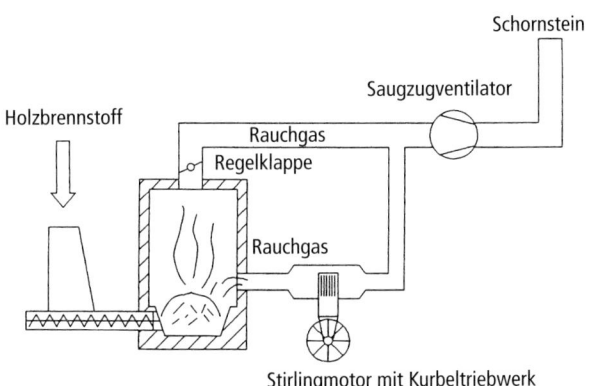

Anhang

Preise für Holzöfen und Holzheizungen

Tabelle 15 gibt eine Übersicht über die Richtpreise für Holzöfen und Holzheizungen (in Anlehnung an Strehler 1996, vom Verfasser verändert und ergänzt). Die höheren Preise gelten meist für kleinere bzw. leistungsschwächere Anlagen.

Kosten von Holzfeuerstätten	
Ofentyp	**Preis je kW Heizleistung**
Zimmerofen	100 – 150 € /kW
Scheitholz-Heizkessel	50 – 200 € /kW
automatischer Zimmerofen für Preßlinge	400 – 500 € /kW
Wasser-Wärmespeicher bei 150 l/kW	0,8 – 1 € /Liter 120 – 150 € /kW
Wärmeverteilung im Haus	250 – 500 € /kW
Voröfen	60 – 150 € /kW
Schalenbrenner	30 – 100 € /kW
automatischer Aschenaustrag	30 – 100 € /kW
automatische Feuerung	250 – 800 € /kW
Nah-/Fernwärmenetz	500 – 500 € /kW
Großheizanlage	350 – 500 € /kW
Kraftwerk	1.000 – 2.500 €/kW$_{el}$

Die höheren Preise gelten (meist) für kleinere Anlagen.

Tabelle 15: Kosten von Holzfeuerstätten.

Rechtsvorschriften

Vor dem Holzofenkauf sollten Sie sich unbedingt informieren, ob Sie den Holzofen aufstellen, anschließen und betreiben dürfen. Eine erste Auskunft in diesen Fragen erhalten Sie bei den für Ihr Gebiet zuständigen Stellen:

* Bezirksschornsteinfeger.
* Baubehörde (Gemeindeverwaltung, Landkreisbehörde).

Der von Ihnen für den Kauf ins Auge gefaßte Ofen muß das „Ü"-Zeichen aufweisen. Mit diesem Zeichen verspricht Ihnen der Hersteller, daß der Ofen mit den in DIN-Vorschriften festgelegten Maßstäben „übereinstimmt". Ein CE-Zeichen genügt in Deutschland u.U. nicht. Das Ü-Zeichen weist oben den Hersteller des Ofens aus, darunter die Vorschrift (z.B. DIN) mit der das Produkt übereinstimmt. (Im untersten Feld kann in Ausnahmefällen eine Zertifizierungsstelle genannt sein.) Aus den zahlreichen Vorschriften können Sie unter anderem entnehmen, daß bisher folgende Regelung gilt:

* Anlagen bis 15 kW Nennwärmeleistung dürfen lediglich mit trockenem, naturbelassenem Holz (einschließlich anhaftender Rinde) befeuert werden. Zulässig sind neben Holzscheiten, Hackschnitzeln und Preßlingen auch Reisig und Zapfen. (Nur in automatisch beschickten Feuerungsanlagen muß der verwendete Brennstoff nicht unbedingt lufttrocken sein.)

- Anlagen über 15 kW dürfen bei Verwendung von stückigem Holz oder Holzabfällen (jeweils ohne Zusätze) maximal 150 mg/m³ an Feststoffen auswerfen. Auch für den Kohlenmonoxid-Ausstoß existieren Grenzwerte: bis 50 kW darf nicht mehr als 4 g/m³ CO, von 50 bis 150 kW nicht mehr als 2 g, von 150 bis 500 kW nicht mehr als 1 g und von 500 bis 1.000 kW nicht mehr als 0,5 g/m³ CO im Abgas enthalten sein.

Ausgenommen von dieser strengen Rauchgas-Norm sind die Kachel-Grundöfen und Kochheizherde. Beschichtetes, gestrichenes Holz, Spanplatten, Faserplatten etc. dürfen nur in Fachbetrieben unter speziellen Auflagen verbrannt werden, wenn die Zusätze unbedenklich sind!

- Anlagen über 1.000 kW unterliegen der Verordnung über genehmigungspflichtige Anlagen. Für diese gelten strenge Emissionsgrenzwerte.
- Heizkessel (Wasser) sind schon ab 50 kW genehmigungspflichtig, in manchen Ländern schon ab 25 kW.
- Offene Kamine dürfen nur gelegentlich betrieben werden. Sie dürfen also nicht als Dauerheizung verwendet werden. Im offenen Kamin darf nur naturbelassenes, stückiges Holz verfeuert werden. Als ein gelegentlicher Betrieb für offene Kamine werden z.B. bis zu 8 Tage je Monat und bis zu 5 h je Tag angesehen.

In der Praxis gelten die Werte der TA Luft bei größeren Anlagen nur noch als Maximalwerte. In der Regel werden die realen Werte von Verwaltungsbeamten „nach dem Stand der Technik" mehr oder weniger niedriger angesetzt. Welche Werte anzusetzen sind, wird in Arbeitskreisen diskutiert. Gelegentlich kommen dabei technische Blüten zum tragen, beispielsweise indem unter völlig anderen technischen Verhältnissen erzielte niedrige Staubwerte als "Stand der Technik" für eine letztlich (z.B. im Brennstoff etc.) nicht vergleichbare Anlage festgelegt wird.

Die Größe einer Feuerungsanlage wird nach der 4. BImSchV ermittelt indem die Leistungen von „Anlagen derselben Art", die „in einem engen räumlichen oder betrieblichen Zusammenhang" stehen, zusammengezählt werden. Dies kann dazu führen, dass ein Heizwerk mit einem 0,8 MW Holzkessel und einem 0,8 MW Ölkessel als Notreserve zusammengezählt wie ein 1,6 MW Heizwerk behandelt wird. Die im LAI „Länderausschuss für Immissionsschutz" besprochene Vereinbarung ist nicht in jedem Fall sachgerecht, weil hier feuerungstechnisch verschiedene Anlagen, die mit unterschiedlichen Brennstoffen betrieben werden, zusammen gerechnet werden.

In sehr großen Heizwerken müssen bestimmte Werte laufend gemessen werden (z.B. beim CO und Staub ab 25 MW). Außerdem ist eine regelmäßig wiederkehrende Messung der übrigen Werte durch ein zugelassenes Institut vorgeschrieben.

Die Bestimmungen der 13. BImSchV gelten für Heizwerke über 50 MW Leistung. Solch große Anlagen sind beim dezentral anfallenden Holz selten sinnvoll. Für Anlagen in denen belastetes Altholz verfeuert wird, gelten die für Restverwertungsanlagen strengen Grenzwerte der 17. BImSchVO. Holzfeuerungen zur Erzeugung von Strom und Wärme

Emissionsgrenzwerte bei der Verfeuerung von unbehandeltem Holz						
Anlagen-größe kW / MW	relevante Vorschrift	Bezugs-sauerstoff Vol %	Emissionsgrenzwerte			
			CO g/m³	Staub mg/m³	organ. C mg/m³	NO_x mg/m³
15 - 50	1. BImSchV	13	4	150	–	–
50 - 150	1. BImSchV	13	2	150	-	-
150 - 500	1. BImSchV	13	1	150	-	-
500 - 1 MW	1. BImSchV	13	0,5	150	-	-
1 - 5 MW	TA Luft, 4. BImSchV	11	0,25*	50	50	500
5 - 50 MW	TA Luft, 1. BImSchV	11	0,25	20	50	500
* = bis 2,5 MW Feuerungsleistung gilt der Grenzwert nur bei Betrieb mit Nennlast						

Tabelle 16: Emissionsgrenzwerte bei Verfeuerung von unbehandeltem Holz.

sind genehmigungsbedürftig nach § 4 BImSchG.

Eine Genehmigung nach der BImSchVO muß frühzeitig eingeholt werden. In der Regel sind die Regierungspräsidien für die Genehmigung zuständig. Die für einen Antrag notwendigen Unterlagen sind recht umfangreich. Zum eingereichten Antrag nehmen mehrere Behörden Stellung (z.B. Gemeinde, Gewerbeaufsichtsamt, Wasserwirtschaftsamt). Es ist sinnvoll, früh mit der zuständigen Stelle Verbindung aufzunehmen und sich beraten zu lassen.

Die folgende unvollständige Übersicht der geltenden Vorschriften zeigt, mit welcher Gründlichkeit in Deutschland die Heizungsfragen geregelt sind:

• Landesbauordnungen
• Verordnung über Feuerungsanlagen und Heizräume (FeuVO)
• Länder-Verwaltungsvorschriften über Feuerungsanlagen (VwVFeuA)
• Bundesimmissionsschutzgesetz (BImschG) und Allg. Verwaltungsvorschrift

• Gesetz über technische Arbeitsmittel (Gerätesicherheitsgesetz)
• Verordnung zur Ablösung von VO nach § 24 der Gewerbeordnung
• Verordnung über Dampfkesselanlagen
• Verordnung über Druckbehälter, Druckgasbehälter und Füllanlagen
• Sicherheitstechnische Richtlinien für Holzspäne- und Holzstaubfeuerungen an Dampfkesseln
• Sicherheitstechnische Richtlinie für Abgasvorwärmer
• DIN 4702 Heizkessel
• DIN 4705 Schornsteinabmessungen
• DIN 4750 Niederdruckdampferzeuger, Sicherheitstechnik
• DIN 4751 Heizungsanlagen, sicherheitstechnische Ausrüstung
• DIN 4794 Warmlufterzeuger
• DIN 18160 Feuerungsanlage, Hausschornsteine
• DIN 18880 Dauerbrandherde, Stahlblech u. Grauguß
• DIN 18881 Zusatzherde
• DIN 18882 Heizungsherde
• DIN 18890 Dauerbrandöfen

- DIN 18891 Kaminöfen
- DIN 18892 Dauerbrandeinsätze
- DIN 18895 offene Kamine
- DIN 51731 Holzpreßlinge
- DIN 57116 Elektrische Ausrüstung von Feuerungsanlagen

- TRD 414 Holzfeuerung an Dampfkesseln
- TRD 702 Technische Richtlinie Dampf
- Richtlinie für den Bau von offenen Kaminen
- RAL 610 Gütesicherung Stahlheizkessel.

Umrechnung von Energieeinheiten

1 cal	= 4,1868 J = 4,1868 Ws
1000 kcal	= 1,163 kWh
1 kWh	= 860 kcal = $3,6 \times 10^6$ J = 3.600 kJ = 3,6 MJ
	= 3,415 Btu
1 TWh	= 10^9 kWh = 3,6 PJ
1 J	= 1 Ws = $2,7777 \times 10^{-7}$ kWh
1 MJ	= 0,278 kWh = 239 kcal
1 t SKE	= $29,3 \times 10^9$ J = $8,14 \times 10^3$ kWh = 7×10^6 kcal
1 MW	= 10^6 W = 1000 kW
1 MW x anno	= $8,76 \times 10^6$ kWh
1 TW	= 10^{12} W
1 Btu	= 251,9958 cal = 1054,4 J = 0,0002929 kWh
cal	= Kalorie
kcal	= Kilokalorie
J	= Joule
W	= Watt, Ws = Watt x Sekunden, kW = Kilowatt
kWh	= Kilowatt x Stunden
MW	= Megawatt, MW x anno = Megawatt x Jahre
TW	= Terawatt
SKE	= Steinkohleneinheit
Btu	= British thermal unit
1 k (Kilo)	= 10^3 = 1.000
1 M (Mega)	= 10^6 = 1 Million
1 G (Giga)	= 10^9 = 1 Milliarde
1 T (Tera)	= 10^{12} = 1.000 Milliarden (= 1 Billion)
1 P (Peta)	= 10^{15} = 1 Million Milliarden (= 1 Billiarde)

Literaturnachweis

Ebert, H.-P.: *Mit Holz richtig heizen in Ofen, Herd und Kamin*. Otto Maier Verlag, Ravensburg 1981

Ebert, H.-P.: *Holzfeuerung für alle Ofenarten*. Verlagsgesellschaft Rudolf Müller, Köln 1984

Laucher, A. (1995): *Grundlagen für den Betrieb einer Biomasse-Fernwärmeanlage*. Salzburger Landesregierung.

Nussbaumer, Th. (Ed.): *Neue Konzepte zur schadstoffarmen Holzenergie-Nutzung*. Bundesamt für Energiewirtschaft, Bern 1992

Nussbaumer, T. (2000): *Vom bewährten Brennstoff zum modernen Treibstoff*. Holzzentralblatt 126 (55): 764 und (67): 940.

Strehler, A. (1996): *Wärme aus Stroh und Holz*. DLG-Merkblatt. DLG Landtechnik (Prüfungsabteilung), Eschborner Landstr. 122, 60489 Frankfurt.

Wer sich umfassend über die mit einer großen Heizanlage zusammenhängenden Fragen informieren will, dem sei empfohlen:

Marutzky, R.; Seeger, K. (1999): *Energie aus Holz und anderer Biomasse*. Leinfelden-E.: DRW-Verlag. 352 S.

Fachagentur Nachwachsende Rohstoffe e.V. (2000): *Leitfaden Bioenergie*. 279 S.

Ruchser, M. (2000): *Leitfaden für die Errichtung von Holzenergie- Anlagen*. Bonn.

Quellenhinweis

Die Abbildungen 5, 28, 29, 39, 41, und 45 sowie die Tabellen 1, 4, 6 und 7 stammen von der Fa. Fireholz, 72108 Rottenburg.

[1] *Sichere Waldarbeit und Baumpflege*. Informationsschrift des Bundesverbandes der Unfallversicherungsträger der öffentlichen Hand e.V., 1986

[2] *Wärme aus Holz*. Bundesamt für Konjunkturfragen, Bern 1987

[3] Humm, Othmar: *Niedrigenergiehäuser - Innovative Bauweisen und neue Standards*. ökobuch Verlag, Staufen 1997

[4] *Holz als Energierohstoff – Möglichkeiten der industriellen und kommunalen Wärmeversorgung*. Centrale Marketinggesellschaft der deutschen Agrarwirtschaft mbH, Bonn

[5] *Holz-Zentralheizungen – Grundlagen für Planung, Projektierung und Ausführung*. Bundesamt für Konjunkturfragen, Bern 1988

[6] Marutzky, R.; Seeger, K.: *Energie aus Holz und anderer Biomasse*. DRW-Verlag, Leinfelden-E.: 1999

Firmenneutraler Rat

Zahlreiche Adressen finden sich in: *Marktführer Holzenergie 2000. Adressen, Informationen, Institutionen.* Leinfelden-Echterdingen. DRW Verlag. ISBN 3-87181-352-4. 206 S. (24 DM).

Dieser u.a. durch den HOLZABSATZFONDS, Absatzförderungsfonds der deutschen Forst- und Holzwirtschaft, Godesberger Allee 142-148, 53175 Bonn-Bad Godesberg unterstützte Marktführer soll regelmäßig aktualisiert erscheinen.

Eine Suche im Internet bei den Informationsstellen oder unter Stichworten wie „Brennholz", „Holzenergie", „Biomasse", „Hackschnitzel", „Holzpellets" kann weiterhelfen.

Eine kleine Auswahl an Informationsstellen:

Informationsstellen in Deutschland

Die Informationen sind i.d.R. kostenpflichtig, zumindest ein größerer Umschlag, ausreichend frankiert und adressiert, sollte vom Besteller bereit gestellt werden.

Bioenergie Niedersachsen (BEN), Rühmkorffstraße 1, 30163 Hannover.

Biomasse-Info-Zentrum (BIZ) am Institut für Energiewirtschaft und rationelle Energieanwendung (IER) der Uni Stuttgart, Hessbrühlstraße 49a, 70565 Stuttgart

Bundesinitiative BioEnergie BBE, Godesberger Allee 90, 53175 Bonn.
(z.B. Klimaschutz im Dreierpack. 32 S.)

Bürger-Information Neue Energietechniken, Nachwachsende Rohstoffe, Umwelt (BINE),
Mechenstraße 57, 53129 Bonn

Centrales Agrar-, Rohstoff-, Marketing E.N., Technologiepark 13, 97222 Rimpar.

Fachagentur Nachwachsende Rohstoffe, Hofplatz 1, 18276 Gülzow.

HOLZABSATZFONDS, Godesberger Allee 142-148, 53175 Bonn.
(Informationen zur thermischen Nutzung von Holz.)

Holzenergie- Fachverband Baden-Württemberg e.V. HEF,
Smaragdweg 6, 70174 Stuttgart.

Klimaschutz- und Energieagentur Baden-Württemberg (KEA) GmbH,
Griesbachstr. 10, 76185 Karlsruhe.

Landesanstalt für Landtechnik, Vöttingerstraße 36,
85354 Freising-Weihenstephan.

Landesgewerbeamt Baden-Württemberg, Dipl.-Ing. S.W. Rapp,
Willi-Bleicherstraße 19, 70174 Stuttgart.
(Umfangreiche Informationen zur thermischen Nutzung von Holz.)

Umweltbundesamt (UBA), Bismarckplatz 1, 14191 Berlin.

Arbeitsgemeinschaft der Deutschen Kachelofenwirtschaft,
Rathausallee 6, 53757 St. Augustin.

Informationsstelle Kachelofen, Industriestraße 22, 70565 Stuttgart.

VDMA – Fachgemeinschaft Allg. Lufttechnik, Arbeitskreis Heiztechnik - Holz, Lyoner Str. 18, 60528 Frankfurt

Wilhelm-Klaudnitz-Institut, Fraunhofer-AG Holzforschung, Bienroder Weg 54 E, 38108 Braunschweig

Zentralverband des Schornsteinfegerhandwerks, Konrad-Adenauer-Str. 7, 30853 Langenhagen

Prüfstellen für Feuerungsanlagen

für feste Brennstoffe (also auch für Holz) in Deutschland:

Fraunhofer Institut für Bauphysik IBP, Prüfzentrum, Nobelstr. 12, 70569 Stuttgart

Rheinbraun AG, Feuerstättenprüfstelle, Dürenerstr. 92, 50226 Frechen

Prüfstelle Deutsche Kohle M. GmbH, Bendschenweg 36, 47506 Neukirchen-Vluyn

Saarbergwerke AG, Triererstr. 1, 66104 Saarbrücken

Emissionsmessungen

TU München, Bayerische Landesanstalt für Landtechnik, Vöttingerstr. 36, 85354 Freising

TU Stuttgart, Institut f. Verfahrenstechnik u. D., Pfaffenwaldring 23, 70569 Stuttgart

Beratungsstellen in der Schweiz

Schweizerische Beratungsstelle für Holzfeuerungen beim Schweizerischen Verband für Waldwirtschaft (SVW), Rosenweg 14, CH–4501 Solothurn

Feueranlagen, welche die schweizerische Eidgenössische Materialprüfungsanstalt (EMPA) nach einem Test als für Holzfeuer geeignet beurteilt, dürfen das Gütezeichen des Schweizerischen Verbandes für Waldwirtschaft führen.

Zunächst für Holzkessel und kleine Schnitzelfeuerungen wurde ein neues VHe-Prüfzeichen erarbeitet. Sowohl die EMPA (in Dübendorf/Schweiz) als auch die österreichische Bundesanstalt für Landtechnik BLT (in Wieselburg/Österreich) sind akkreditierte Prüfstellen. Die Prüfung erfolgt auf der Grundlage der CEN-Norm 303.

Feuerungen, welche die Prüfung erfolgreich bestehen, dürfen das Zeichen führen.

Bei der Schweizerischen Vereinigung für Holzenergie (VHe) liegt eine stets aktualisierte Liste vor.

Schweizerische Vereinigung für Holzenergie (VHe), Seefeldstraße 5a, CH-8008 Zürich. *(Umfangreiche Informationen zur thermischen Nutzung von Holz.)*

Bundesamt für Energie, Sektion Energiewirtschaft, Monbijoustraße 74, CH-3003 Bern. *(Umfangreiche Informationen zur thermischen Nutzung von Holz.)*

BUWAL Bundesamt für Umwelt, Wald und Landschaft, Sektion Feuerungen und Energie, Worblentalstraße 172, CH-3063 Ittingen. *(Umfangreiche Informationen zur thermischen Nutzung von Holz.)*

InfoEnergie, Forschungsanstalt für Betriebswirtschaft und Landtechnik, Postfach, CH–8356 Tänikon

Institut für Energietechnik, Laboratorium für Energiesysteme, ETH Zentrum, CH–8092 Zürich

Ver. Schweiz. Fabrikanten und Importeure von Holzfeuerungsanlagen (SFIH), c/o Tiba AG, Industriestr. 15, CH–4410 Liestal

Beratungsstellen in Österreich

Bundesanstalt für Landtechnik BLT, Rottenhauserstraße 1, A-3250 Wieselburg.

Ökoenergie, Österreichischer Biomasseverband, Franz Josefs-Kai 13, A-1010 Wien. *(Umfangreiche Informationen zur thermischen Nutzung von Holz.)*

Beratungsstellen in Frankreich:

ITEBE Europäisches Technisches Institut
für Holzenergie, 29, boulevard Gambetta,
F-39000 Lons-le-Saunier.

Fragen Sie vor dem Holzofenkauf den zuständigen Bezirksschornsteinfeger. Dieser kann Ihnen sagen, ob der gewünschte Ofen auch angeschlossen und betrieben werden darf.

Hersteller und Lieferanten

Die Herstelleranschriften sind in folgende Gruppen geordnet.

1. Holzöfen
2. Stückholz-Zentralheizungskessel
3. Hackschnitzelöfen oder Pelletsöfen
4. Holzgasanlagen
5. Zubehör für Holzheizungen
6. Sonstige Hersteller und Lieferanten

Das Adressenverzeichnis erhebt keinen Anspruch auf Vollständigkeit und Richtigkeit, es stellt weder eine Empfehlung noch einen Leistungsnachweis dar. Die Produktions- und Lieferprogramme sind nur teilweise bekannt. Die Adressen wurden aktualisiert. Bei der Zusammenstellung wurden Angaben der Centralen Marketinggesellschaft der deutschen Agrarwirtschaft mbH (CMA) und vom HOLZABSATZFONDS mit verwendet. Der vom HOLZABSATZFONDS mit herausgegebene „Marktführer Holzenergie" soll in kurzen Abständen aktualisiert werden. Es lohnt sich, dort nachzuschlagen (ISBN 3-87181-352-4).

1. Holzöfen

Accent GmbH,
Neue Weyerstr. 2, 50676 Köln

Armaka AG, Großpeterstr. 36,
CH–4052 Basel / Schweiz

K.W. Arnold GmbH,
Wilhelmshütterstr. 178, 35232 Dautphetal

E. von Arx & Co, Poliergasse 40,
CH–3400 Burgdorf / Schweiz

Bartz Werke GmbH,
Franz-Meguin-Str., 66763 Dillingen

M. Blank GmbH,
Klaus-Blankstraße 1, 91747 Westheim

Brunner Ofen- und Heiztechnik GmbH,
Zellhuber Ring 17-19, 84307 Eggenfelden

Bube Kamine GmbH,
Berliner Str. 65, 38104 Braunschweig

Buderus AG, Geschäftsbereich Juno,
Postfach 1120, 35721 Herborn

Bullerjahn, Egle GmbH,
Hauptstraße 39, 86866 Mickhausen

W. Burkart AG Eisenbau-Heizanlagen,
Konstanzer Str. 55, CH–8280 Kreuzlingen

Josef Burri AG,
CH–6102 Malters / Schweiz

Constructa Neff GmbH, Ruiterstraße 8,
75015 Bretten

Deville, 76, rue Forest – B.P. 209,
F–08102 Charleville-Mezieres Cedex /
Frankreich

De Dietrich GmbH,
Kinzigstr. 12, 77694 Kehl

DIWO Dietheuser GmbH, Wilhelm-
Röntgenstraße 1, 82380 Peissenberg

S.A. Don-Bar, 246 av. Louisse,
Bus 2, B–1050 Bruxelles / Belgien

Dovre GmbH,
Valenciennerstraße 161, 52353 Düren

Electrolux GmbH,
Junostraße, 37745 Herborn

Fonderies Franco-Belges, rue O. Variscotte,
F–59660 Merville / Frankreich

Frank'sche Eisenwerke AG,
Postfach 260, 35662 Dillenburg

Frasa GmbH, Margarete-Windho-Str. 1,
48336 Sassenberg

Gerco Apparatebau GmbH & Co KG,
Zum Hilgenbrink 40, 48336 Sassenberg

Gerlinger,
Froschau 79, A-4391 Waldhausen

Haas & Sohn Ofentechnik GmbH,
Herbornerstraße 7-9, 35764 Sinn

HAGOS e.G.,
Industriestr. 62, 70565 Stuttgart

Haller-Meurer-Werke AG,
Koblenzer Str. 89, 56626 Andernach

Hark, Moerser Str. 26, 47198 Duisburg

Hase Kaminofenbau GmbH,
Niederkircherstraße 14, 54294 Trier

Werner Hofmann HOSPERO,
Bahnweg 55, CH–3177 Laupen / Schweiz

Holko, M. Thaler,
Zürichstr. 16, CH–3360 Herzogenbuchsee

Walter Hornikel,
Feuchtwanger Str. 8, 91583 Schillingsfürst

Hoval-Herzog AG, General-Witte-Str. 201,
CH–8706 Feldmeilen

Deutsche Hoval GmbH, Freiherr-vom-
Stein-Weg 15, 72108 Rottenburg

F. Huemer GmbH (Austroflamm),
Gfereth 101, A-4631 Krenglbach

K. Iversen & Co A/S.,
Postfach 60, DK- 5492 Vissenbjerg

Jotul, F.P. Handels GmbH,
Wilhelm-Beckmann-Str.30, 45307 Essen

Justus, Justushütte Weidenhausen,
Weisenhäuser Str. 1-7, 35075 Gladenbach

Jydepejsen A/S,
Ahornsvinget 3-7, DK-7500 Holstebro

Kago-Kamin GmbH & Co KG,
Hauptstr. 2 – 4, 92353 Postbauer

Kaschütz GmbH, Dreikreuzstr. 42,
A-3163 Rohrbach- Gölsen

Kawatherm Handels GmbH,
Benzstr. 6, 46395 Bocholt

Gebr. Koch oHG,
Postf. 40, 35716 Dietzhölztal-Ewersbach

Erwin Koppe,
Postfach 120, 92676 Eschenbach

PA-KÜ-Werk, Paul Künzel GmbH & Co.,
Industriestr. 8, 25421 Pinneberg

Küppersbusch AG, Küppersbuschstr. 16,
45883 Gelsenkirchen

Felix Küttel Cheminéebau, Allmendstr. 8,
CH–5012 Schönenwerd /Schweiz

A. Lanz AG, Friedhofweg 40,
CH–4950 Huttwil / Schweiz

Leda GmbH & Co. KG Boekhoff & Co.,
Groningerstr. 10, 26789 Leer

Liebi LNC AG, Burgholz,
CH-3753 Oey-Diemtigen

Lünstroth GmbH,
Rothenfelderstr. 9, 33775 Versmold

Caminetti Montegrappa, Via A. da
Bassoano 7-9, I- 36020 Pove del Grappa

NIBE AB, F. Körner,
Hauptstraße 70, 09661 Rossau

Normatherm Stahlheizkessel GmbH,
Münsterstr. 26, 48282 Emsdetten

OHRA GmbH, An der Gasanstalt 4-5,
14712 Rathenow

Olsberg, Ges. f. Verwaltung u. Vertrieb
GmbH, Hüttenstr. 38, 59939 Olsberg

Ortrander Eisenhütte GmbH, Königs-
brückerstraße 10-12, 01990 Ortrand

Pfeilhammer GmbH,
Am Pfeilhammer 1, 08352 Pöhla

Rink-Kachelofen GmbH + Co KG,
Am Klangstein 18, 35708 Haiger

Röhn Kamin,
Bardostr. 1-3, 36041 Fulda

Rösler Kamine GmbH (Openfire),
Behringstr. 1-3, 63303 Dreieich-Offenthal

von Roll AG, CH–2763 Choindez / Schw.

W. Rossbach KG,
Postfach 1408, 35216 Biedenkopf

Walter Rüegg, Schwäntenmos 4,
CH–8126 Zumikon/ Schweiz

Sarina Werke AG,
rte. des Arsenaux 12, CH–1701 Fribourg

Scan, Krog Iversen & Co. A/S,
Glasvænget 3 - 9, Dk-5492 Vissenbjerg

Schenk AG, Schärischachen,
CH–3550 Langnau i.E. / Schweiz

Schmid GmbH,
Markgrafenstr. 9, 95497 Goldkronach

Schrag GmbH,
Hauptstraße 118, 73061 Ebersbach

Skantherm GmbH, Lümernweg 188a,
33378 Rheda-Wiedenbrück

Solar-Diamant System GmbH,
Prozessionsweg 10, 48493 Wettringen

Spiess Ofentechnik AG,
Länggstraße 15, CH-8308 Illnau

Supra, RP 22, F-67216 Obernai

Tekon GmbH & Co KG,
Midlicherstr. 70, 48720 Rosendahl

Thermolutz GmbH,
Im Laisen 58, 72766 Reutlingen

Thyssen-Schulte Metallurgie GmbH,
Postfach 201, 44128 Dortmund

Tiba AG, Hauptstr. 47
CH–4416 Bubendorf / Schweiz

Tirolia Werke,
Postfach 99, A–6130 Schwaz / Österreich

Tulviki Vertriebs GmbH, Werner-
vonBraun-Straße 5, 63263 Neu-Isenburg

Ulefos Jernvärk,
N–3730 Ulefos / Norwegen

Unterberger Kachelöfen, Stauffeneggstr.
16a, A–5020 Salzburg / Österreich

Ullrich GmbH, Carlshütte,
35232 Dautphetal 2 OT Buchenau

Vama Wärmetechnik GmbH,
Steuerwaldstr. 22, 31137 Hildesheim

Viessmann Werke KG,
Postfach 10, 35105 Allendorf

Wamsler Herd und Ofen GmbH,
Gutenbergstr. 25, 85748 München

Waterford Iron Founders Ltd.,
Bilberry / Irland

Wegra Anlagen GmbH, Oberes Tor 106,
98631 Westenfeld

Weso-Justus GmbH,
Wiedenhäuserstr. 1-7, 35075 Gladenbach

Wodtke GmbH,
Rittweg 55-57, 72070 Tübingen

2. Stückholz-Zentralheizkessel

Acra Heizkessel GmbH,
Sonnenstraße 9, 91207 Lauf

HDG Bavaria-Kessel- u. Apparatebau
GmbH, (Ackermann),
Siemensstraße 6, 84323 Massing

Bioenergietechnik GmbH (Öko-Therm),
Träglhof 2, 92242 Hirschau

BHSR GmbH, Industriestraße 1,
32699 Extertal- Silixen

Bioflamm WVT GmbH, Bahnhofstraße
55-59, 51491 Overath- Untereschbach

August Brötje GmbH & Co,
August-Brötje-Str. 17, 26180 Rastede

Buderus Heiztechnik GmbH,
Postfach 1161, 35453 Lollar

CTC Heizkessel,
Hochstr. 27, 36381 Schlüchtern-Wallroth

CTC Wärme AG, Röntgenstr. 22,
CH–8021 Zürich / Schweiz

De Dietrich GmbH,
Kinzigstr. 12, 77694 Kehl

ELCO Klöckner
Hohenzollernstr. 31, 72379 Hechingen

Ferro Wärmetechnik,
Am Kiefernschlag 1, 91126 Schwabach

G. Fischer GmbH Kesselfabrik,
Heidenheimerstraße 63, 89312 Günzburg

Fischer-Guntamatic,
A–4722 Peuerbach / Österreich

Fonderies Franco-Belges, rue O. Variscotte,
F–59660 Merville / Frankreich

Fröling Heizkesselbau GmbH,
Industriestr.30, A-4710 Grießkirchen

Dt. Fröling GmbH, Hoffnungstalerstr.,
51491 Overath (V, S)

GERCO Apparatebau GmbH,
Zum Hilgenbrink 50, 48336 Sassenberg

Glutos Wärmegeräte GmbH,
Kitscherstraße 57, 08451 Crimmitschau

Godde Maskinfabrik, Lindbjergvej 24,
DK–6870 Ýlgod / Dänemark

Graner Kesselbau,
Holderäckerstr. 3, 70839 Gerlingen

F. Grimm GmbH,
Bäumlstraße 26, 92224 Amberg

Haas & Sohn GmbH,
Postfach 162, 35764 Sinn

Gebr. Häflinger AG,
Bielgasse 2, CH–4657 Dulliken / Schweiz

Maschinenfabrik Heger GmbH (HDG),
Zaberstr. 26,
71083 Herrenberg-Oberjesingen

Heitzmann AG,
Gewerbering, CH-6105 Schachen.

C. Herlt Sonnen- Energie- S.,
An den Buchen 2, 17194 Vielist

Herz Feuerungstechnik, A-8272 Sebersdorf

Hohmann - Klose GmbH,
Im Ettenbach 13, 77767 Appenweier

Hoval GmbH, Hovalstr. 11,
A–4614 Marchtrenk / Österreich

Hoval-Herzog AG, General-Witte-Str. 201,
CH–8706 Feldmeilen

Deutsche Hoval GmbH, Freiherr-vom-
Stein-Weg 15, 72108 Rottenburg

Industrieofen und Maschinenbau Jena
GmbH, Camburgerstraße 68, 07722 Jena

Inter Domo GmbH & Co,
Rheiner Str. 151, 48282 Emsdetten

OY Jäspi & Mäkinnen AB,
FIN-20320 Turku

Klöckner Wärmetechnik, Dreieichstr. 10,
64546 Mörfelden-Walldorf

KÖB Wärmetechnik,
Flotzbachstr. 31, A–6922 Wolfurt

Jakob Kohlbach, Pf. 30, Grazer Str. 89,
A–9400 Wolfsberg / Österreich

Eisenwerk Winnweiler, Ludwig Krämer
KG, Postfach 48, 67722 Winnweiler/Pfalz

PA-KÜ Paul Künzel GmbH,
Ohlrattweg 5, 25497 Prisdorf

Lambelet (Biovent Heiztechnik),
Salzwerkstr. 8, 79639 Grenzach-Wyhlen

Liebi LNC AG,
CH–3753 Oey-Diemtigen / Schweiz

Limbacher Anlagenbau,
Wiesethbruck 35, 91572 Bechhofen

Lohberger GmbH, Postfach 90,
A–5230 Mattighofen / Österreich

Lopper Kesselbau GmbH,
Rottenburgerstr. 7, 93352 Rohr-Alzhausen

A. Maier,
Gnadenfreierstr. 8, 78126 Königsfeld

Mawera Maschinen GmbH,
Neulandstr. 30, A–6971 Hard / Österreich

Nordklima Lohner Klimatechnik GmbH,
Postfach 1140, 49393 Lohne / Oldenburg

Passat Energi A/S, Vestergade 36,
DK–8830 Tjele / Dänemark

Perhofer GmbH,
Waisenegg 115, A-8190 Birkfeld

A.F. Petersens Maskinfabrik, Nordhavns-
vej 4, DK–6100 Haderslev / Dänemark

H. Pöllinger, Geroldstr.,
A–3385 Gerersdorf / Österreich

Prüller Heizkessel, Hintstein 69,
A–4463 Großgmain / Österreich

Rendl Heizkessel GmbH,
Friedrich-Listr. 84, 81377 München

Rogo SA, Via G. Vicari 26,
CH–6906 Lugano-Cassarate

Rohleder Rekord GmbH,
Raiffeisenstraße 3, 71696 Möglingen.

SBS Heizkesselwerke,
Carl-Benz-Str. 17-21, 48268 Greven

Schmid AG Heizkesselbau,
Im Riet, CH–8360 Eschlikon / Schweiz

Schuster Heizkesselwerke,
Industriestr. 6, 97727 Fuchsstadt

Seagem S.A., B.P. 1,
F–29223 St. Thègonnec / Frankreich

Thermostrom Energietechnik GmbH,
Ennsstr. 91, A–4409 Steyr / Österreich

Turun Muna Oy, SF–27430 Panelia/ Finnl.

Unical Kesselbau GmbH,
Zahn-Nopper-Str. 1-5, 70435 Stuttgart

Vaillant GmbH, Forchheimer Str. 30,
A–1231 Wien / Österreich

Viessmann Werke KG,
Postfach 10, 35105 Allendorf (Eder)

Windhager,
A.-Windhager-Str. 20, A–5201 Seekirchen

Eisenwerk Winnweiler,
Gewerbegebiet, 67722 Winnweiler

Zaegel-Held, F–67210 Obernai / Frankr.

ZIMA Zirngibl,
Badstraße 6, 77855 Achern

3. Hackschnitzel- und Pelletsöfen

Änga & Värme AB (siehe Palmberg
GmbH), Box 7034,
S–30007 Halmstad 7 / Schweden

AWINA Industrieanlagen GmbH,
Koaserbauerstr. 7, A–4810 Gmunden

Babcock VKW Industriekessel GmbH,
Duisburgerstraße 375, 46049 Oberhausen

Babcock Borsig Power AG, (Austrian Energy), Siemensstr. 89, A-1211 Wien / Österr.

Baumgartner AG, Rötelstr. 135,
CH–8030 Zürich /Schweiz

BET GmbH, Rüdigerstraße 2, 77694 Kehl

F. & K. Bay Kesselfabrik, Zeppelinstr. 35,
74321 Bietigheim-Bissingen

BHSR Energietechnik (Spänex), Industriestr. 1, 32699 Extertal-Silixen

Binder Feuerungstechnik,
A-8570 Voitsberg / Österreich

Bioenergietechnik GmbH (Öko-Therm),
Träglhof 2, 92242 Hirschau

Bioflamm Verbrennungstechnik GmbH,
Bahnhofstr. 55-59, 51491 Overath

Biogen Heiztechnik GmbH,
Plainburgerstr. 503, A–5084 Großgmain

Biomat-Perhofer GmbH,
Waisenegg 115, A–8190 Birkenfeld

Biowatt, Großmünsterplatz 1,
CH–8000 Zürich

Bollmann GmbH, Zeppelinstr. 14,
78244 Gottmadingen

Bruks Mekaniska AB, Box 46,
S–82010 Arbrå / Schweden

Classen GmbH,
Adelsförsterpfad 5, 69168 Wiesloch

CTC Wärme AG,
Röntgenstraße 22, CH-8021 Zürich.

DAN TRIM (Reinhardt Energie),
Galgenberg 1, 94474 Vilshofen

EcoTec GmbH,
Mittelösch 12, 88213 Ravensburg.

Eder GmbH, Leiten 42, A-5733 Bramberg

R. Eidenschenk, 1, rue Neuve,
F–68120 Pfastatt / Frankreich

Eisenwerk Winnweiler L. Krämer KG,
Industriegebiet, 67722 Winnweiler

Endreß / Hansen Anlagenbau GmbH,
Postfach 1141, 91533 Rothenburg

Ing. F. Enickl, Nöckhamstr. 3,
A–4407 Grießkirchen

Enöckl Installations-GmbH, A.-Derfler-
Str.1 A–4452 Ternberg /Österr.

Enviro-Techni AG, Marktstr. 20,
CH–8850 Lachen / Schweiz

Etienne AG, Horwerstr. 32,
CH–6002 Luzern / Schweiz

FECO GmbH (SCAN-stoker),
Schützenstr. 5, 21407 Deutsch Evern

Fellner GmbH (Ökotherm), Träglhof 2,
92242 Hirschau (früher: Bioenergietechn.)

Fröling, Heizkesselbau GmbH,
Industriestraße 12, A-4710 Grieskirchen

Dt. Fröling GmbH,
Hoffnungstalerstraße, 51491 Overath

GEKA Wärmetechnik,
Dieselstr. 8, 76227 Karlsruhe

Jens-G. Gerhardy, Bargfelder Str. 33,
24613 Aukrug-Innien

GEUL-SCHMID Holzfeuerung,
Kettemerstr. 25, 70794 Filderstadt

Gilles GmbH (Compact GmbH,
Heizomat),
Koaserbauerstr. 16, A-4810 Gmunden

Grauer&Kartsen GmbH, Junkersstraße
28, 78021 Villingen-Schwenningen

Grimm Heizungstechnik GmbH,
Bäumlstraße 26, 92224 Amberg

Hager, Laaerstr. 110,
A–2170 Poysdorf / Österreich

Hargassner GmbH, Grunderding 8,
A–4952 Weng / Österreich

HDG Bavaria Kesselbau GmbH,
Siemensstr. 6, 84323 Massing

Maschinenfabrik Heger GmbH,
Zaberstr. 26, 71083 Herrenberg

Heizomat Gerätebau GmbH,
Maicha 21, 91710 Gunzenhausen

Herz Feuerungstechnik GmbH,
A–8272 Sebersdorf 138 / Österreich

Hestia GmbH (Binder Feuerungstechnik),
Kappelstr. 12, 86512 Ried.

Hölter ABT,
Beisenstr. 39-41, 45964 Gladbeck

Hofmeier GmbH,
Schlickelderstraße 76 49479 Ibbenbühren

Dt. Hoval,
Gartenstr. 93, 72108 Rottenburg

W. Huber GmbH,
Fuggerstraße 30, 84561 Mehring

Huggler Kesselfabrik,
Am Sportplatz 4, A–6923 Lauterbach

Igland Forstmaschinen GmbH,
Bergerstr. 30, 85643 Steinhöring

IMW GmbH,
Sandkamp 21, 21509 Glinde

W. Jauk GmbH, Sulb 90,
A–8543 St. Martin / Österreich

Justen Spänfyr, Grimhojvej 11,
DK–8220 Brabrand /Dänemark

JYDSK-Varmekedelfabrik A/S,
DK–8220 Brabrand / Dänemark

KARA Engineering Almelo B.V., Plesman-
weg 27, NL–7602 PD Almelo

Kinskofer GmbH,
Bundesstr. 21, 92331 Parsberg

Klöckner GmbH, Dreieichstraße 10,
64546 Mörfelden-Walldorf

KÖB Wärmetechnik,
Flotzbachstr. 31-33, A–6922 Wolfurt

Koehler-Bosshardt AG,
Hochberger Str. 15, CH–4016 Basel

Kohlbach Heizkessel,
Grazerstr. 26-28, A–9400 Wolfsberg

Koller GmbH, Schremserstr. 40,
A–3902 Vitis / Österreich

Bertrams-KONUS GmbH, Robert-Bosch-
Str. 3-5, 68723 Schwetzingen

N. Kostner GmbH & Co KG,
A–3495 Rohrendorf-Neustift / Österreich

Ing. E. Kurri, Fliegergasse 68,
A–2700 Wiener Neustadt

KWB Kraft-Wärme-Biomasse GmbH,
Raab, 235, A-8321 St. Margarethen und
Raiffeisenstr. 97, A-8010 Graz /Österreich

Lambelet (Biogen), Salzwerkstr. 8,
79639 Grenzach-Wyhlen

Lambion Feuerungsbau GmbH,
Auf der Walme 1, 34454 Aroslen

Lignasol, Albrecht-Wirtstraße 1,
72108 Rottenburg-Ergenzingen

Limbacher GmbH,
Wiesethbruck 49, 91572 Bechhofen

LIN-KA (J.H. Flarup),
Hollesenstraße 34, 24768 Rendsburg.

Lohberger GmbH, Braunauerstraße 2,
A-5230 Mattighofen / Österreich.

Lopper Kesselbau GmbH, Rottenburger-
straße 7, 93352 Rohr- Alzhausen

Lorenz Wärmetechnik AG,
Industriestr. 7, CH–8450 Andelfingen

Mawera Maschinen GmbH, Neulandstr.
30, A–6971 Hard / Österreich

J.u.P. Michelitsch, Wiel 78,
A–8551 Wies / Österreich

Müller AG, Bechburgerstr. 21,
CH–4710 Balsthal

MWB Motorenwerke GmbH,
Barkhausenstr., 27568 Bremerhaven

Ing. Herbert Nolting GmbH & Co KG,
Wiebuschstr. 15, 32760 Detmold

NORDFAB GmbH, Luftfilter,
Daimlerstr. 22, 33442 Herzebrock

ÖkoFen GmbH, Mühlgasse 9,
A-4132 Lembach/ Österreich und
Herzgraben 13, D-86877 Walkertshofen

Ökotherm GmbH,
Träglhof 2, 92242 Hirschau

Wald- u. Forstdienst Palmberg GmbH,
Seppenser Mühlweg 107, 21244 Buchholz

Passat Energie S/A,
Vestergade 36 DK-8830 Tjele

Petry Bioenergietechnik GmbH,
Regensburgerstr. 94-96, 92318 Neumarkt

Pöllinger, Geroldstr. 12,
A–3385 Gerersdorf / Österreich

Polytechnik KG, Fahrafeld 69,
A–2564 Weissenbach-Triesting

Ran Heat Energy, Cornall, Tornholm 3,
DK–6400 Sonderborg / Dänemark

Rendl Heizkessel GmbH,
Friedrich-List-Str. 84, 81377 München

Rendl GmbH,
Siezenheimerstraße 31, A-5020 Salzburg

A. Reinhardt Energiesysteme,
Galgenberg 1, 94474 Vilshofen

Rüegsegger AG, Tobelhofstr. 348,
CH–8040 Zürich/ Schweiz

Runtal Werk AG,
Toggenburgerstr. 132, CH–9500 Wil

SBS Heizkessel,
Postfach 2063, 48268 Greven

Schmack Biogas GmbH,
Oberer Mühlweg 6, 93133 Burglengenfeld

Schmid AG Heizkesselbau, Hörnlistr. 12
CH–8360 Eschlikon / Schweiz

Siemens AG, Großanlagen,
Freyeslebenstraße 1, 91058 Erlangen

Solar Projekt GmbH,
Am Bläsiberg 13-18, 88250 Weingarten

Sommerauer & Lindner, Werk Trimmel-
kam, A-5120 St. Pantaleon / Österreich

Sonnek GmbH, Thanhausen 74,
A–8160 Weiz /Österreich

Standard-Kessel GmbH,
Postfach 120651, 47126 Duisburg

G. Tanner, Biberstr. 34,
CH–8240 Thayngen / Schweiz

HATA Tanner, Heideweg 35,
CH–2500 Biel / Schweiz

Thermo Gas-Reaktoren,
Stromer Landstr. 15, 28197 Bremen

Thermostrom Energietechnik GmbH,
Ennsstr. 91, A–4409 Steyr / Österreich

TIBA AG, Hauptstr. 147,
CH–4416 Bubendorf

TM Feuerungsanlagen GmbH, Sebersdorf
2, A–8271 Bad Waltersdorf

Tobler AG,
Steinackerstraße 10, CH-8902 Urdorf

Unical Kesselbau GmbH,
Tafingerstraße 14, 71665 Vaihingen

Urbas Energietechnik,
Billrothstr. 7, A–9100 Völkermarkt

In Deutschl.: Keller GmbH, Friedrich-List-
Str. 84a, 81377 München

Viessmann Werke KG,
Postfach 10, 35105 Allendorf (Eder)

Volund Energy S.,
Falkevej 2, DK-6705 Esbjerg.

G. Wagner Maschinenbau,
A–8385 Neuhaus 144 / Österreich

Wehrle AG, Bismarckstraße 1 – 11,
79312 Emmendingen

Weiss Kesselbau,
Kupferwerkstr. 6, 35684 Dillenburg

Windhager, A.-Windhagerstraße 20,
A-5201 Seekirchen/Österreich.

Wittwar,
Schulstraße 22, 75387 Neubulach

Wodtke GmbH, Rittweg 55-57,
72070 Tübingen- Hirschau

Wolf GmbH (Ventomat), Eduard
Haasstraße 44, A-4034 Linz / Österreich

WVT GmbH,
Bahnhofstr. 55-59, 51491 Overath

Zima-Heizkessel W. Zirngibl GmbH,
Badstr. 6, 77855 Achern

4. Holzgasanlagen

Adrian Fürst, Allmendstr. 398,
CH–4617 Gunzgen / Schweiz

Ahlstrom GmbH,
Niederrheinstraße 42, 40474 Düsseldorf

ARCUS Umwelttechnik GmbH,
Schwarzer Mersch 2, 49832 Freren

Artefact GmbH, Bremsbergallee 35,
24960 Glücksburg

ATES, Industriestr. 6, 15517 Fürstenwalde

AVAC GmbH, Kesseldorferstr. 216
01169 Dresden

BKW Bio-Kraftwerk GmbH & Co KG,
Berliner Allee 5, 30175 Hannover

G.A.S.GmbH, Hessenstr. 57, 47809 Krefeld

H&C GmbH,
Sedanstraße 14/0, 81667 München

HTV Energietechnik AG, Mittelgäustr.
205, CH-4617 Gunzgen / Schweiz

Imbert Energietechnik GmbH & Co KG
Robert-Bosch-Str. 7, 53919 Weilerswist

A. Klein GmbH, Konrad-Adenauer-Str.
200, 57572 Niederfischbach

Lurgi GmbH,
Lurgiallee 5, 60295 Frankfurt

MHB GmbH,
Industriestr. 3, 15517 Fürstenwalde

Petersen GmbH,
Dantestraße 4-6, 65189 Wiesbaden

Pyrolysetechnik GmbH,
Friedenstraße 3, 30175 Hannover

Siempelkamp GmbH,
Breitscheidstraße 45, 01462 Dresden

Umsicht Institut für Umwelt u. Sicherheit,
Osterfelderstr. 3, 46047 Oberhausen

Umwelt- und Energietechnik GmbH,
Postfach 1133, 09581 Freiberg

Viesel Apparatebau GmbH,
Seilerweg 20, 72574 Bad Urach

Wamsler Umwelttechnik GmbH,
Gutenbergstraße 25, 85748 Garching

Werner Industrieausrüstungen GmbH,
65366 Geisenheim

5. Zubehör für Holzheizungen

Schnitzelf. = *Zusatzanlagen für Hackschnitzelfeuerung*

Beim Kuratorium für Waldarbeit und Forsttechnik, Sprembergerstr. 1, 64823 Groß Umstadt *kann (gegen Kostenersatz) eine Liste über Holzhackmaschinen und deren Hersteller bestellt werden.*

Bayrischer Behälterbau,
Pfrombach, 85368 Moosburg
Wärmespeicher

Bernt GmbH,
Wienbachstr. 38, 46286 Dorsten
Hackmaschinen

M. Bindl Energiesysteme GmbH,
Wernbergerstr. 41, 92536 Pfreimd
Wärmespeicher

Brenig Landtechnik GmbH,
Dietrichstr. 112, 53175 Bonn
Spaltmaschinen

Heinz Brinkmann
Auf der Kuhlen 15, 21726 Oldendorf
Holzspaltmaschinen

Bruks Mekaniska AB,
Box 46, S–82010 Arbrå / Schweden
Hackmaschinen, Schnitzelf.

Bürener Maschinenfabrik GmbH BMF,
Fürstenbergerstr. 37, 33142 Büren
Holzspaltmaschinen

Carl Capito GmbH & Co,
Mühlenbergstr. 12, 57290 Neunkirchen
Wärmespeicher

Cetetherm,
Kolumbusstr. 14, 22113 Hamburg
Wärmetauscher, Pufferspeicher

CTC Heizkessel,
Hochstr. 27, 36381 Schlüchtern-Wallroth
Wärmespeicher, Schnitzelf.

Dieteg GmbH,
Fuhrenkamp 1, 29664 Walsrode
Hackmaschinen, Spaltmaschinen

Döpik GmbH,
Südlohner Weg 23, 48703 Stadtlohn
Hackmaschinen

Dolmar GmbH,
Jenfelderstr. 38, 22045 Hamburg
Forstarbeiterwerkzeug

FECO GmbH (SCAN-stoker),
Schützenstr. 5, 21407 Deutsch Evern
Hackmaschinen

Forstkultur GmbH,
Dreispitzenhohle 8, 36381 Schlüchtern
Hackmaschinen, Forstarbeiterwerkzeug

H.H. Grimm, Bismarckstr. 5,
59609 Anröchte,   *Hackmaschinen*

Waldemar Grube KG,
29646 Hützel-Bispingen
Forstarbeiterwerkzeug

Haas GmbH,
Unter den Weiden, 56472 Dreisbach
Hackmaschinen

S. Harter, Hauserbachstr. 57,
77756 Hausach   *Hackmaschinen*

Häussler GmbH, 88499 Heiligkreuztal
Holzbacköfen

Henkelhausen Forsttechnik,
Hessenstr. 55, 47809 Krefeld
Hackmaschinen

Holz-Verwertungs- und Vertriebs GmbH,
Schwalbenstr. 9, A–5302 Henndorf / Ö.
Hackmaschinen

Husqvarna Forst,
Hauptstr. 151, 21465 Wentorf
Forstarbeiterwerkzeug

Igland Forstmaschinen GmbH,
Bergerstr. 30, 85643 Steinhöring
Hackmaschinen, Schnitzelf.

Peter Jensen, Maschinenfabrik,
24975 Maasbüll
Hackmaschinen, Holzspaltmaschinen

Jenz GmbH,
Wegholmerstraße 14, 32469 Petershagen
Hackmaschinen

Junkkari Oy, SF–62375 Ylihärmä /Finnl.
Hackmaschinen

Gebr. Klöckner GmbH & Co KG, Maschinenfabrik, Grabestr. 3, 57647 Hirtscheid
Hackmaschinen

Jakob Kohlbach, Postfach 30, Grazer Str.
89, A–9400 Wolfsberg / Österreich
Hackmaschinen, Schnitzelf.

Korn GmbH, Niebraerstraße 10,
07551 Gera   *Hackmaschinen*

Walter Kretzer Landtechnik,
Tannenweg 7, 88436 Eberhardzell
Spaltmaschinen

Loibl GmbH, Heizkessel- und Gerätebau,
Rottenburger Str. 7, 93352 Rohr/ Alzhaus.
Holzspaltmaschinen

Lorenz GmbH, Bunsenstr. 18,
84030 Landshut   *Wärmespeicher*

B. Maier GmbH & Co KG,
Brockhagener Str. 14-20, 33649 Bielefeld
Hackmaschinen

Mawera Maschinen GmbH,
Neulandstr. 30, A–6971 Hard / Österreich
Hackmaschinen, Schnitzelf.

Möller Maschinenbau,
Postfach 2348, 32223 Bünde
Hackmaschinen, Schnitzelf.

Nau GmbH, Behälterbau,
Auf dem Knuf 6, 59073 Hamm
Wärmespeicher

Normet S.A. (Farmi), 9, rue de la
Minoterie, F–6700 Strassbourg
Hackmaschinen, Holzspaltmaschinen

Pallmann GmbH & Co KG,
Postfach 61, 66482 Zweibrücken
Hackmaschinen

A. Pöttinger Gmbh, Maschinenfabrik,
A–4710 Grieskirchen / Österreich
Stützpunkte: Augsburg, Greven
Hackmaschinen

Posch Landmaschinenbau GmbH,
Paul-Anton-Keller-Str.,
A–8430 Leibnitz-Kaindorf /Österreich
Holzspaltmaschinen

Rau GmbH,
Gewerbegebiet, 73110 Hattenhofen
Spaltgeräte

Schliesing GmbH,
Kapellenerstr. 30, 47239 Duisburg
Hackmaschinen

Siba Produkter AB, Ulvaryds industriom-
rade, S–28500 Markaryd / Schweden
Hackmaschinen, Schnitzelf.

Solo Kleinmotoren GmbH,
Stuttgarterstr. 41, 71069 Sindelfingen
Motorsägen

A. Stihl,
Badstr. 115, 71336 Waiblingen
Forstarbeiterwerkzeug, Motorsägen

Syr Hans Sasserath & Co KG,
Mühlenstr. 62, 41335 Korschenbroich
Zubehör für Holzheizungen

Strebel Kesselbau,
Mundenheimerstr. 59, 68219 Mannheim
Wärmespeicher

Trumag, Münchnerstraße 86,
84359 Simbach   *Hackmaschinen*

Turun Muna Oy;
SF–27430 Panelia / Finnland
Hackmaschinen

VAMA Euroklima, Steuerwalderstr. 22a,
31137 Hildesheim   *Wärmespeicher*

Vecoplan GmbH,
Vor der Bitz 10, 56470 Bad Marienberg
Hackmaschinen

Wagner GmbH Solartechnik,
Ringstr. 14, 35091 Cölbe
Wärmespeicher

Weiss, Wurzach 1, 83135 Schechen
Hackmaschinen

Werit Kunststoffwerke,
Schneider GmbH & Co,
Postfach 1460, 57604 Altenkirchen
Wärmespeicher

Zeno GmbH,
Weidboden, 57629 Norken
Hackmaschinen

J. Zimmer,
Max-Prinstner-Str.16, 92336 Beilngries
Wärmespeicher

6. Hersteller und Lieferanten

mit nicht näher spezifiziertem Produkt-
ions- und Lieferprogramm. Teilweise geben die Firmennamen einen Hinweis auf
das Lieferprogramm.

API Maschinen GmbH,
Florstädterstr. 10b, 61169 Friedberg

Baukotherm,
Brügger Chaussee 55, 24582 Bordesholm

Gebr. Berthold GmbH,
Hermann Lingstr. 14, 80336 München

A. Bittner Stahlbau GmbH,
Untermarchenbach, 85410 Haag

Brunner Trockentechnik,
Vorwerkstr. 9, 30989 Gehrden

Degatherm Stahlheizkessel GmbH,
Daadenbach 13, 57290 Neunkirchen

Walter Dreizler GmbH & Co KG,
Mochelstr. 18, 70619 Stuttgart

Eder - Maschinenbau,
Schweigerstr. 6, 38302 Wolfenbüttel

Grieder Ofenbau AG, Badener Str. 755,
CH–8048 Zürich/Schweiz

Holtec GmbH,
Dommersbach 52, 53940 Hellentahl

Holtrop Luft-Filter-Apparate GmbH,
Bündenerstr. 372, 32120 Hiddenhausen

Koch Verpackungsmaschinen,
Ringstr. 14, 72285 Pfalzgrafenweiler

KSW, Hüblteichstr. 7,
95666 Mitterteich

Kube KG Kunkel & Co,
Kristinusstr. 26, 88171 Weiler-
Simmerberg

Lignomat GmbH,
Neckaraue 25, 71686 Remseck

Karl Ludmann KG,
Korntaler Landstr. 70-72, 70499 Stuttgart

Omnical GmbH (Dt. Babcock),
Frans-Masereel-Str. 4, 45527 Hattingen

Ostermann und Flüs GmbH & Co,
Horlecke 42, 58706 Menden

L. Otte Heizkessel,
An den Mühlwiesen 1, 36355 Grebenhain

Pneumatex GmbH, Industriehof Dr. Jacob,
Halle 53, 55543 Bad Kreuznach

Rapido Wärmetechnik GmbH,
Rahserfeld 12, 41748 Viersen

Karl Rehberg,
Postfach 760, 59229 Ahlen

Meßtechnik Reinhardt GmbH,
Sollingstr. 26, 37194 Bodenfelde

Rodiac GmbH Ingenieure,
Goebenstr. 76, 42551 Velbert

Thermo Gas Reaktoren,
Stromer Landstr. 15, 28197 Bremen

Stichwortverzeichnis

Abfallholz 15
Abgaswärmetauscher 65
Abtransport 36
Anfeuern 49
Arbeiten am Hang 35 ff.
Arbeiten mit der Motorsäge 29
Arbeitskleidung (für die Waldarbeit) 23
Arbeitsregeln 29
Ärger mit der Holzheizung 68
Aschenkasten 76
atro 37
Aufbau des Holzfeuers 49
Aufstellen eines Holzofens 77
Automatische Holzheizung 99 ff.
Axt 26, 34

Beil 27, 28
Beratungsstellen 127
Biomasse 16
Brandverlauf des Holzfeuers 52
Brauchwassererwärmung 80, 91
Brennholz lang 21
Brennholz machen 23
Brennholzernte (nachhaltige) 16
Brennholzlagerung 39 ff.
Brennholz-Sorten 20
Brennholz-Transport 22, 36
Brennkammer 61
Brennprinzipien 70
Brennstoff Holz (Vorteile) 11, 14, 20 ff.
Brennstoffkosten 11
Bruchleiste 32, 33
Bruchstufe 32, 33
Bügelsäge 26, 27
Bundesimmissionsschutzgesetz 59, 123

Darrgewicht 37
Derbholz 15
Doppelbrand-Kessel 94

Durchbrandofen 70
Durchforstungslos 21

Eigenschaften von Brennholz 37
Einblasfeuerung 108
Einheimische Energiequellen 12
Einschneiden 35
Einzelofen 78 ff., 99
Emissionen 13, 52, 58, 60 ff., 123
Emissionsarme Verbrennung 59, 96
Energieinhaltsstoffe von Holz 50, 51
Entasten von Bäumen 34 ff.
Entzünden eines Holzfeuers 49, 50

Fallbereich 30, 33
Fällen von Bäumen 30 ff.
Fällhebel 27
Fallkerb 31
Fällrichtung 30
Fällschnitt 32, 33
Fälltechnik 31, 32
Fernwärmeversorgung 114 ff.
Feuchte und Energiegehalt 38, 43
Feuchtegehalt 37
Finne 41
Firmenneutraler Rat 127
Flächenlos 20
Frischluftzufuhr 54, 55
Funkenflug 84

Gefahrenzonen beim Fallen 31
Geschlossene Anlage (b. Zentralheiz.) 93
Güte der Holzverbrennung 67 ff.

Hackschnitzel 20, 44 ff., 73, 102 ff.
Hackschnitzelheizung 103 ff., 111, 116
Hänger 33
Heizeinsätze für offene Kamine 83 ff.
Heizenergiebedarf 75, 78, 95, 115

Heizwert verschiedener Brennstoffe 12, 37, 42 ff.
Heizwerte von Holz 37, 42 ff., 45
Helfer 29
Herstellerverzeichnis 129 ff.
Holz für Kaminfeuer 84
Holzasche 60, 61, 113
Holzauktion 22
Holzbewirtschaftung 14
Holzfeuchte 37
Holzgas 50 ff., 62
Holzinhaltsstoffe 42, 50
Holzkessel mit Wärmespeicher 95 ff.
Holzkohle 52
Holzofen (Ausführungen) 70, 78 ff.
Holzofen (Kauf) 75, 78 ff.
Holzofen (prinzipieller Aufbau) 54
Holzpellets 47, 99 ff.
Holzspeicher 76, 92
Holzverbrennung (Prinzipien) 49 ff., 62
Holzvergaser 117

Kachelgrundofen 87
Kachelofen 79 ff., 87
Kachelofenspezialitäten 88
Kaminfeuer 81 ff.
Kaminöfen 80 ff., 85
Kanalbrand 70
Katalytische Nachbrenner 63
Kauf von Brennholz 20, 22
Keile 26
Kesselleistung, Bestimmung 75, 78, 95 ff.
Kohlendioxid 16
Kohlenstoffkreislauf 16
Konstruktionsvarianten 70 ff.
Konvektion 64, 66
Kosten von Brennholz 11, 45
Kosten von Heizungsanlagen 116, 122
Kraft-Wärme-Kopplung 117
Kreuzbeige 40
Küchenherd 80
Künstliche Holzbrennstoffe 47

Lagerraum für Hackschnitzel 102
Lagerraum für Pellets 100
Laub-Brennholz 22, 43 ff.

Lieferantenverzeichnis 129 ff.
Luftbedarf des Holzfeuers 57
Luftsteuerung 77
Luftüberschuß 54
Luftzufuhr 52 ff., 62

Merkmale eines guten Holzofens 75, 77
Motorsäge 24 ff., 29, 32
Nachhaltigkeit 15, 17, 19
Nachwachsender Rohstoff 14
Nadel-Brennholz 22, 43 ff.
Nahwärmeversorgung 114 ff.
Naturzug 54

Oberer Abbrand 70
Offene Anlage (b. Zentralheizungen) 93
Offene Kamine 81

Packhaken 27
Pellets 47, 99 ff.
Platzbedarf für Brennholzlagerung 43
Preis verschiedener Brennstoffe 45
Primärluft 53, 63
Pufferspeicher 97

Raubbau am Wald 18
Rauchgase 56 ff., 64 ff., 68 ff., 116
Rauchgasreinigung 106 ff., 112 ff.
Rauchschutzluft 82
Raummeter 21
Reaktionsverlauf 62, 63
Rechtsvorschriften 122 ff.
Reinigungsklappen 76
Restfeuchte 51
Restholz 20
Rückzugswege 31, 32
Rußansatz 58, 67, 69 ff.

Sägebock 27, 28
Schichtholz 21, 22
Schlagabraumlos 21
Schnitzel 102
Schornstein 55 ff., 94
Schornstein-Brand 58, 69
Schornsteindurchnässung 59
Schornsteinhöhe 55, 56

Schornsteinquerschnitt 57, 95
Schornsteinzug 49, 54
Schubrost 110
Schutzkleidung 23
Sekundärluft 51, 53, 62, 63
Spaltklotz 27, 28
Speicherheizung 95 ff.
Steinbackrohr 90
Stirling-Maschinen 120
Stoker 99
Strahlungswärme 64, 66
Stückholz 20
Stückholzfeuerung 109

Taupunkt 59
Temperatur in der Brennkammer 61
Thermostat (für die Luftzufuhr) 54, 57
Trockengewicht 37
Trockengewicht von Hackschnitzeln 44
Trocknen von Brennholz 37, 39 ff.
Trocknen von Hackschnitzeln 45
Trocknung 37, 45 ff.

Umweltbilanz 11
Unterer Abbrand 70
Unterschubfeuerung 103, 105, 110
Unvollständige Verbrennung 62

Verbrennung (unvollständige) 61 ff.
Verbrennungsluft 53
Versicherung 29, 58

Versorgungssicherheit 12
Vielzweckgeräte 28
Vorofenfeuerung 70, 72
Vorofenfeuerung 107, 108

Wald 18
Wärmeaustausch 62, 63, 64
Wärmebedarf für Raumheizung 75, 78, 95 ff., 102
Wärmeleistung, Drosselung der - 54
Wärmespeicher 97
Wärmespeicherkapazität 87
Wärmetauscher 64 ff., 92 ff.
Wärmeträger 65, 66
Wärmetransport 66
Warmluftkachelofen 88 ff.
Warmwasser-Heizung 66, 67
Wechselbrand-Betrieb 57, 94
Wechselbrand-Kessel 94, 95
Werkzeug für Waldarbeiter 24
Wirkungsgrad v. Holzfeuerstellen 73, 74
Wirtschaftswald 18

Zentralheizungskessel 92 ff.
Zersägen von Bäumen 35, 36
Zersetzungstemperatur 52 ff., 54
Zimmerofen 79, 99
Zündtemperatur 50, 51
Zusammensetzung des Holzfeuerrauchs 58 ff.

Weitere Bücher im ökobuch Verlag

Gottfried Häfele, Wolfgang Oed, Ludwig Sabel
Hauserneuerung
Instandsetzen - Renovieren - Modernisieren: eine Anleitung zur Selbsthilfe. Das Buch beschreibt ausführlich den behutsamen, handwerklich sachgerechten und umweltverträglichen Umgang mit alter Bausubstanz. 237 S., 200 Abb., 21 x 21 cm, gebunden, 1998   25,50 €

Holger König
Wege zum gesunden Bauen
Aus dem Inhalt: richtige Baustoffwahl, geeignete Baukonstruktionen mit Eigenschaften und Anwendungsbereichen, Beispiele ausgeführter Häuser, Baunormen, Bauphysik, Preise und Bezugsquellen. 264 S. m. v. Abb., 21 x 21cm gebunden, 10. Aufl. 1998   25,50 €

Othmar Humm
NiedrigEnergieHäuser
Theorie und Praxis. Von planerischen Konzepten über Baukonstruktionen, neue Produkte und energietechnische Maßnahmen wird gezeigt, wie moderne Niedrigenergiehäuser geplant u.gebaut werden. 294 S., m.v. Abb., 21 x 21 cm gebunden, Neuaufl. 1998   29,60 €

Ingo Gabriel, Heinz Ladener, Hrsg.
Vom Altbau zum Niedrigenergiehaus
Energietechnische Gebäudesanierung in der Praxis: Nachträglichen Wärmedämmung der Gebäudehülle, Fenstererneuerung, sowie Sanierung der Haustechnik einschl. Lüftung Heizung, Sanitär und Elektro. 261 S. m.v.Abb., 21 x 21 cm, geb., Neubearbeitung 2002   29,90 €

Gernot Minke
Das neue Lehmbau-Handbuch
Umfassendes Lehrbuch und Nachschlagewerk: Es zeigt Einsatzmöglichkeiten, Eigenschaften und Verarbeitungstechniken des Baustoffes Lehm. Mit Forschungsergebnissen u. Beschreibungen ausgeführter Lehmhäuser. 344 S. m.v. Abb., 21 x 21 cm, geb., 5. Aufl. 2001   35,30 €

Heinz Ladener, Frank Späte
Solaranlagen
Grundlagen, Planung, und Bau von Solaranlagen zur Warmwasserbereitung und Raumheizung: Das Handbuch für Planer, Handwerker und Selbstbau-Interessierte.
265 S. m. vielen Abb., 21 x 21 cm, geb., 7. Aufl. 2001   29,60 €

Karlheinz Böse
Regenwasser für Garten und Haus
Über Techniken zur Nutzung von Grund- und Regenwasser: Wie und in welchen Behältern Wasser gesammelt werden kann, wann es gefiltert werden muß, welche Pumpen geeignet sind, wie das Wasser in Haus u. Garten richtig verteilt wird. 110 S., A5, 1999   10,20 €

Heinz Schulz, Barbara Eder, Hrsg.
Biogas-Praxis
Neben den Biogas-Grundlagen wird die Anlagentechnik mit ihren Konstruktionsvarianten ausführlich beschrieben; Kapitel über Planung, Kofermentation, Hygienisierung und ausgeführte Anlagen runden das Buch ab. 187 S. m. v. Abb., 21 x 21 cm, 2. Aufl. 2001   25,00 €

Claudia Lorenz-Ladener, Hrsg.

Holzbacköfen im Garten
Detaillierte Bauanleitungen vom einfachen Lehmofen bis zum gemauerten Brotbackhäuschen.
Mit vielen Erfahrungen und Ratschlägen sowie pfiffigen Tips und Rezepten. 138 S. m.v.Abb.,
4. Aufl. 2002   15,30 €

Claudia Lorenz-Ladener

Naturkeller
Grundlagen und praktische Anlagen für Planung und Bau von naturgekühlten Lagerräumen im
Haus oder Freiland. 140 S. m.v.Abb., 20 x 21 cm, 1990/1999   15,30 €

Maggy Howarth

Kieselstein-Mosaik
Schöne Böden für Wege und Lieblingsplätze im Garten selbst gestalten. Exakte Anleitungen
für einfache und fortgeschrittene Arbeiten mit Tips aus der Praxis. Viele Gestaltungsvorschläge
geben Anregung für eigenes kreatives Schaffen. 118 S. m.vielen z.T. farb. Abb., 2001 20,40 €

Jon Warnes

Mit Weiden bauen
Anleitungen für Zäune. Laubengänge, Wigwams, Sitzplätze und grüne Kuppeln. Ein Kurs über
das Pflanzen und Arbeiten mit lebendem Material, der zeigt, wie viele schöne, nützliche Dinge
sich aus Weiden herstellen lassen. 2001, 60 S. m.vielen farbigen Abb., geb.   12,95 €

Daniel Mack

Möbel aus Wildholz
Wieviel Äste braucht ein Stuhl? Der Autor stellt moderne Wildholzmöbel vor und beschreibt
genau, worauf es bei der Auswahl des Holzes ankommt, wie Wildholz bearbeitet u. zu Möbeln
zusammengefügt wird. 168 S.m.v.Abb., 1999, gebunden   25,50 €

Martin Werdich, Kuno Kübler

Stirling - Maschinen
Grundlagen und Technik von Stirling-Maschinen mit einem Überblick über erprobte Motor-
konzepte und ihre Vor- und Nachteile. Mit ausführlichem Hersteller- und Literaturverzeichnis
sowie Bauplan für ein Funktionsmodell. 157 S. m.v.Abb., A5, 8. Aufl. 2001   15,30 €

Uwe Hallenga

Wind: Strom für Haus und Hof
Bauanleitung mit Zeichnungssatz für eine leicht nachzubauende Windkraftanlage (Leistung ca.
200 bis 500 W bei gutem Wind). 76 Seiten, viele Abb., A5, 6. Aufl. 1999   7,60 €

Preisstand: 1.11. 2002 Änderungen vorbehalten. Unsere Bücher erhalten Sie im Buchhandel!

In unserer *Versandbuchhandlung* haben wir über 300 Titel auf Lager, die Sie direkt bei uns
bestellen können, und zwar zu folgenden Themen: Solararchitektur - Bauen & Selbstbau -
Nutzung von Sonnen-, Wind- und Wasserkraft -
Bioenergie - Energiekonzepte - Land- und Gartenbau -
Tierhaltung - gesunde Küche - und vieles mehr ....

Fordern Sie einfach die große Buchliste an bei:

ökobuch Verlag GmbH
Postfach 1126   79216 Staufen

✆ 07633-50613 · ✉ 50870 · email: oekobuch@t-online.de · http://www.oekobuch.de